シリーズ《環境の世界》 4

海洋技術環境学の創る世界

東京大学大学院
新領域創成科学研究科
環境学研究系
················[編]

朝倉書店

執　筆　者（＊は本巻編集者）

＊高木　健（たかぎ　けん）	東京大学環境学研究系海洋技術環境学専攻
尾崎　雅彦（おざき　まさひこ）	東京大学環境学研究系海洋技術環境学専攻
鈴木　英之（すずき　ひでゆき）	東京大学環境学研究系海洋技術環境学専攻
佐藤　徹（さとう　とおる）	東京大学環境学研究系海洋技術環境学専攻
浦　環（うら　たまき）	東京大学生産技術研究所海中工学国際研究センター
巻　俊宏（まき　としひろ）	東京大学生産技術研究所海中工学国際研究センター
高川　真一（たかがわ　しんいち）	東京大学生産技術研究所海中工学国際研究センター
浅田　昭（あさだ　あきら）	東京大学生産技術研究所海中工学国際研究センター
林　昌奎（りむ　ちゃんきゅ）	東京大学生産技術研究所機械・生体系部門
山口　一（やまぐち　はじめ）	東京大学環境学研究系海洋技術環境学専攻
木村　詞明（きむら　のりあき）	東京大学環境学研究系海洋技術環境学専攻
早稲田　卓爾（わせだ　たくじ）	東京大学環境学研究系海洋技術環境学専攻

（執筆順）

シリーズ〈環境の世界〉
刊行のことば

　21世紀は環境の世紀といわれて，すでに10年が経過した．しかしながら，世界の環境は，この10年でさらに悪化の傾向をたどっているようにも思える．人口は69億人を超え，温暖化ガスの排出量も増加の一途をたどり，削減の努力にもかかわらず，その兆候も見えてこない．各国の利害が対立するなかで，人類が地球と共存するためには，様々な視点から人類の叡智を結集し，学融合を推進することによって解決策を模索することが必須であり，それこそが環境学である．

　21世紀を迎える直前の1999年に，東京大学では環境学専攻を立ち上げた．この10年の間に1000人を超える修士や博士を世の中に輩出するとともに，日本だけではなく世界の環境を改善すべく研究を進めてきた．環境学専攻は2006年に柏の新キャンパスに移転し，自然環境学，環境システム学，人間環境学，国際協力学，社会文化環境学の5専攻に改組した．その後，海洋技術環境学専攻が新設され，6専攻を持つ環境学研究系として，東京大学の環境学を先導してきている．学融合を旗印に，文系理系にとらわれず，東京大学の頭脳を集め，研究教育を推進している．

　先進国をはじめとする人間社会の活動が環境を悪化させ，地球の許容範囲を越えようとしている現在，何らかの活動を起こさなくてはならないことは明白である．例えば，社会のあり方を環境の視点から問い直すことや，技術と環境の関わりを俯瞰的にとらえ直すことなどが望まれている．これを〈環境の世界〉と呼んでも良いかもしれない．

　東京大学環境学研究系6専攻は，日本の環境にとどまらず，地球環境をより良い方向に導くため，活動を進めてきている．様々な境界条件のもと，数多くの壁をどのように乗り越えて〈環境の世界〉を構築することができるか，皆が感じているように，すでに時間はあまり多くはない．限られた時間のなかではあるが，われわれは環境学によって，世界を変えることができると考えている．

　本シリーズは，東京大学環境学10年の成果を振り返るとともに，10年後を見据えて，〈環境の世界〉を切り開くための東京大学環境学のチャレンジをまとめている．〈環境の世界〉を創り上げるため，最先端の環境学を進めていこうと考えている大学生や大学院生に，ぜひ，一読を薦める．われわれは世界を変えることができる．

東京大学環境学研究系・〈環境の世界〉出版WG主査・人間環境学専攻教授　　岡本孝司

まえがき

　東京大学大学院新領域創成科学研究科環境学研究系海洋技術環境学専攻が目指す〈環境の世界〉とはどのような世界であろう．〈環境の世界〉では，自然環境と人工物が複合した環境が破たんをきたさないように持続されなければならない．そのためには，自然環境が受容可能な範囲に収まるように人間活動がコントロールされている必要がある．現在起こっている問題は，持続性を顧みない資源エネルギーの消費によって人間活動が膨張し，自然環境が受容可能な範囲を超えていることである．われわれは，このような問題を海洋の開発利用を中心としたアプローチにより解決し，持続可能な〈環境の世界〉を構築することを目指している．

　従来，海洋開発という言葉は海洋環境の破壊と短絡的にとらえられ，その意義が正しく理解されない側面もあった．確かに，地球環境システムの中核をなす海洋をよく理解し，かつ守ることは大変重要である．しかし，これだけではなく海洋を開発利用し海洋産業を育成することも重要である．なぜなら，海洋産業は海洋におけるさまざまな活動を持続的に継続させる資金の流れを生み出すエンジンの役割を果たすからである．われわれは，〈環境の世界〉を実現するために，海運や水産など既存の海洋産業とともに，海底資源，海洋エネルギーなどの開発利用による新たな産業を創成し，海洋を賢く利用していきたいと考えている．同時に，海洋に対する深い理解に基づく海洋環境保全を程よく調和させることが賢い海洋の利用である．

　本巻では，このような考えに基づく〈環境の世界〉創成と，その中心となるべき海洋産業について述べるとともに，それらを支える海洋技術について解説する．まず，海洋環境保全技術として海洋環境の評価，再生，管理の手法などを解説する．次に，海洋観測技術として海中ロボット，音響技術，リモートセンシングなどを紹介する．さらに，それらによって得られた海洋情報の利用について，その現状と将来の姿を論じる．最後に，〈環境の世界〉創成にかかわる国の施策例について解説する．

地球表面の7割は海洋が占めている．この広大な海洋のポテンシャルを利用して〈環境の世界〉を拓くのがわれわれの任務である．本分冊がそれにかかわる海洋技術，環境，政策の理解の一助となれば幸いである．

2012年7月

第4巻編集者　高木　健

目　　次

1. 〈環境の世界〉創成の戦略 ……………………………………………………………1
   1.1 海洋技術環境学からみた環境とは ……………………………………［高木　健］…1
   1.2 海洋技術環境学における〈環境の世界〉創成とは ……………………………2
      1.2.1 海洋の大きさ ………………………………………………………………2
      1.2.2 海洋環境の特殊性 …………………………………………………………4
      1.2.3 環境保護との違い …………………………………………………………5
   1.3 〈環境の世界〉創成実現へのアプローチ ………………………………………6
      1.3.1 海洋産業の役割 ……………………………………………………………6
      1.3.2 海洋産業の例 ………………………………………………………………7
   1.4 10年後，50年後に〈環境の世界〉があるべき姿 ………………………………8
      1.4.1 10 年 後 ……………………………………………………………………8
      1.4.2 50 年 後 ……………………………………………………………………9

2. 海洋産業と環境 ……………………………………………………………………11
   2.1 海洋産業の広がりと人類社会への役割 ……………………………［尾崎雅彦］…11
      2.1.1 海洋産業ルネッサンス ……………………………………………………11
      2.1.2 日本の海洋産業の規模 ……………………………………………………12
      2.1.3 既存の海洋産業の現状と役割 ……………………………………………14
      2.1.4 新しい海洋産業の創出 ……………………………………………………15
   2.2 海洋産業における環境問題 ……………………………………………………17
      2.2.1 海洋産業が引き起こす環境問題と規制 …………………………………17
      2.2.2 海洋産業に影響を及ぼす環境問題 ………………………………………21
      2.2.3 地球温暖化・海水酸性化 …………………………………………………23
   2.3 海洋産業の新しい展開と環境 ……………………………………［鈴木英之］…26
      2.3.1 深海底鉱物資源 ……………………………………………………………27
      2.3.2 メタンハイドレート ………………………………………………………28

2.3.3　再生可能エネルギー ……………………………………………29

3. 海洋の環境保全・対策・適応技術開発 …………………………………39
3.1　環境の世紀を海洋から切り拓く―海洋フロンティアでの環境創成
　　………………………………………………………［佐藤　徹］…39
　　3.1.1　開発と保全 ………………………………………………………39
　　3.1.2　海洋環境の創成 …………………………………………………40
　　3.1.3　海洋フロンティア ………………………………………………41
　　3.1.4　順応的管理 ………………………………………………………42
　　3.1.5　研究開発課題例 …………………………………………………44
3.2　二酸化炭素の海洋隔離技術
　　3.2.1　海洋隔離のニーズ ………………………………………………49
　　3.2.2　海洋表層酸性化と海洋隔離 ……………………………………50
　　3.2.3　海洋隔離の研究動向 ……………………………………………51
　　3.2.4　海洋隔離の進め方 ………………………………………………52
　　3.2.5　海域地中貯留の国際動向 ………………………………………54
3.3　海洋利用の必要性と包括的環境影響評価の試み―Triple I …………57
　　3.3.1　大気・陸域・海域の環境負荷 …………………………………57
　　3.3.2　包括的環境影響評価指標 Triple I ………………………………59
3.4　Triple I を用いた事例―CO_2 海洋隔離 …………………………………61
　　3.4.1　シナリオの設定 …………………………………………………61
　　3.4.2　エコロジカル・フットプリントの算出 ………………………62
　　3.4.3　生態リスクの算出 ………………………………………………64
　　3.4.4　まとめ ……………………………………………………………72

4. 海洋観測と環境 ………………………………………………………………74
4.1　海中ロボットによる新たな海中観測 …………………………………74
　　4.1.1　船からの観測 ………………［浦　環・巻　俊宏・高川真一］…74
　　4.1.2　潜水プラットフォームの概要 …………………………………77
　　4.1.3　航行型海中ロボットの活躍 ……………………………………82
　　4.1.4　ホバリング型海中ロボットの活躍 ……………………………86

4.1.5　熱水鉱床の観測のための自律型海中ロボットの展開 …………90
　4.2　海洋音響システム ………………………………………[浅田　昭]…92
　　　4.2.1　水中の位置を知る音響測位システム ………………………92
　　　4.2.2　水中と海底をみる音響システム ……………………………98
　　　4.2.3　水底地形・水中構造物の形状を知る音響システム………104
　4.3　海洋リモートセンシング………………………………[林　昌奎]…108
　　　4.3.1　リモートセンシングと電磁波………………………………108
　　　4.3.2　海面における電磁波の散乱と反射…………………………110
　　　4.3.3　海面における電磁波の放射…………………………………112
　　　4.3.4　可視光線・近赤外線を用いる海洋観測……………………115
　　　4.3.5　レーダーを用いる海洋観測…………………………………117

5．海洋情報と環境 ………………………………………………………122
　5.1　氷海とその利用……………………………[山口　一・木村詞明]…122
　　　5.1.1　氷海の特徴……………………………………………………122
　　　5.1.2　海氷の観測と研究……………………………………………127
　　　5.1.3　氷海域の航行とそのための海氷予報………………………130
　　　5.1.4　氷海域の利用促進と環境保全………………………………132
　5.2　海洋情報管理―海洋科学から海洋情報産業へ…………[早稲田卓爾]…132
　　　5.2.1　海洋国家日本…………………………………………………132
　　　5.2.2　海洋学の成熟―海を知ることから海の天気予報へ………135
　　　5.2.3　海洋情報のセマンティックス………………………………137
　　　5.2.4　歴史にみる海洋情報の重要性………………………………139
　　　5.2.5　海洋観測の統合と持続………………………………………143
　　　5.2.6　海洋モデルと観測の融合……………………………………145
　　　5.2.7　さまざまな海洋情報の配信…………………………………147
　　　5.2.8　海洋情報の利用………………………………………………151
　　　5.2.9　海洋情報の一元化―産官学の協働…………………………153

6．海洋技術政策と環境 …………………………………………………155
　6.1　海洋技術政策………………………………………………[高木　健]…155

- 6.2 海運グリーン化……………………………………………………156
  - 6.2.1 国際海運の特徴……………………………………………156
  - 6.2.2 IMOでの議論………………………………………………157
  - 6.2.3 わが国の提案………………………………………………158
  - 6.2.4 IMOの燃費指標……………………………………………159
  - 6.2.5 海の10モード指標…………………………………………160
  - 6.2.6 新技術によるCO_2削減 …………………………………161
- 6.3 水産業の安定化による離島・地域の振興…………………………163
  - 6.3.1 水産業の状況と課題………………………………………164
  - 6.3.2 新海洋食糧資源生産システム……………………………168
  - 6.3.3 離島・地域振興と水産業安定化…………………………169

参 考 文 献 ………………………………………………………………172

索　　　引 ………………………………………………………………178

1 〈環境の世界〉創成の戦略

1.1 海洋技術環境学からみた環境とは

1) 海洋の役割

地球は表面の約7割を海洋に覆われた水の惑星である．残りの3割が陸地でわれわれ人類はその上に暮らしている．地球表面は薄い大気の層に覆われて，これらが複雑に関連して巨大な気候システムを構築している．この中で熱容量が最も大きいのが海洋で，地球上の気候に大きな影響を与えている．一方，地球上で最初の生命体は海洋で生まれたといわれており，海洋は多くの生物種のゆりかごになっている．それらは複雑な生物システムを構成している．また，人類は海洋を利用して，交易を行った．それが今日では巨大な世界経済システムの一部となっている．その他にも海洋は地球上のさまざまなシステムに深くかかわっている．

図1.1はわれわれ人類に対する海洋の役割を模式的に表したものである．この

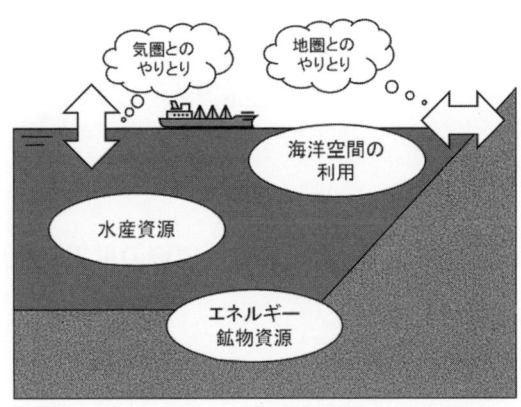

図1.1 海洋の果たす役割

図では海洋のもつ2つの面を表している．一つは水圏（海洋以外の湖などを含む）・地圏・気圏によって構成される地球空間の構成要素としての面である．これに生物圏（生物活動）が複雑に絡み合って巨大なシステムが構成されている．

海洋は気圏と海面を通して熱のやりとりや水分の蒸発あるいは二酸化炭素の吸収などさまざまなやりとりを行っている．また，地圏とは河川の流入や海岸からの土砂あるいは潮の満ち引きなどに伴うさまざまな物質のやりとりを行っている．海洋の体積の大きさに伴う吸収力の大きさがこれらのやりとりの中で大きな役割を果たしている．

もう一つの面はわれわれ人類の活動に対する役割である．図1.1で示された水産資源，エネルギー，鉱物資源は人類の生存になくてはならないものである．これらの資源やエネルギーは陸上でも得られるので，現在は必ずしも海洋から得る必要はないが，陸上の資源やエネルギーの枯渇が心配される将来は海洋に存在する資源やエネルギーも利用しなければならない．また，太古から大いに利用されているのは海上交通である．今日では大陸間の物流なしに世界経済は成り立たないので，航空機に比べてはるかに少ないエネルギーで物を運べる海上交通は人類の生存になくてはならないものである．

2) 海洋技術環境学からみた環境

前述のように自然に対して海洋の果たす役割は大変大きい．そこで，海洋を視野の中心に据え，海洋とその周囲の自然とのかかわりを眺めることにする．この眺め方は海洋が人類に果たす役割の見方にも新しい視点を与えてくれる．われわれは陸から海を眺めるのに慣れているが，それとは逆に，海洋を視野の中心に据え海洋のもつポテンシャルがどのように人類の活動とかかわっていくのかをみてみようというわけである．このような見方でみえてくるものが海洋技術環境学からみた環境である．すなわち，海洋を中心に自然とのかかわり，人間活動とのかかわりを考えるのである．

1.2 海洋技術環境学における〈環境の世界〉創成とは

1.2.1 海洋の大きさ

地球表面の約7割を覆っている海洋は大変広大で，われわれ人類はそのごく一

部を利用しているにすぎない．また，近年は海洋の探査や調査が盛んに行われているが，詳しく知られているのは3次元的に広がる海洋全体のごく一部にすぎない．海洋はまだまだ未知の部分を多く残している．

　さて，話をわが国のまわりの海洋に限定してみよう．排他的水域にはわが国の経済的管轄権が及ぶのであるが，その広さはどの程度であろう．まず，わが国の領土面積であるが，これは約38万 km^2 である．そのまわりにわが国の管轄権が及ぶ水域が広がっている．これらは，沿岸から近い順に，領海，接続水域，排他的経済水域 (EEZ)，大陸棚，公海となっている．それぞれの水域には国連海洋法条約に厳密な定義が述べられている．しかし，厳密な定義はここでの話と関係がないので，簡単に沿岸からの距離でそれぞれの水域の境界を示そう．まず，沿岸から12海里（1海里＝1852 m）までが領海でその面積は約43万 km^2 である．接続水域（排他的経済水域に含まれる）は12海里から24海里までで面積は約32万 km^2，排他的経済水域は12海里から200海里までで面積は約405万 km^2 であ

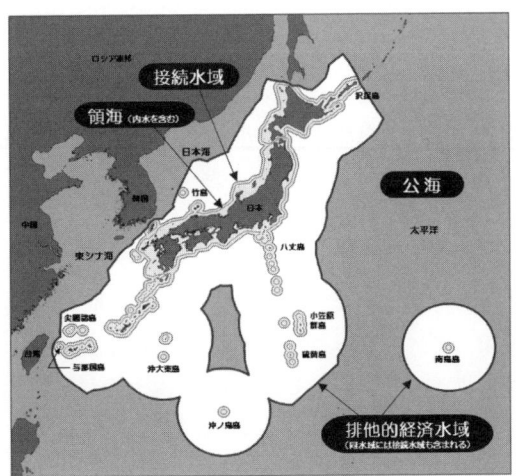

図1.2　わが国の200海里水域（海上保安庁ホームページ http://www1.kaiho.mlit.go.jp/JODC/ryokai/ryokai_setsuzoku.html）
国土面積：約38万 km^2，領海（含：内水）：約43万 km^2，接続水域：約32万 km^2，領海（含：内水）＋接続水域：約74万 km^2，排他的経済水域：約405万 km^2，領海（含：内水）＋排他的経済水域：約447万 km^2（世界第6位の面積）．

る．領海と排他的経済水域を合わせると約 447 万 km² である．これは世界第 6 位の広さで，わが国の領土面積の 12 倍弱に相当する．

　さらに，国連海洋法条約では海底が地形・地質的に領土の延長である場合には排他的経済水域の 200 海里をこえて大陸棚を設定することが可能とされている．わが国もこの条項を適用するため「大陸棚の限界に関する委員会」に調査データを提出し，審査を受けている．この審査が認められれば，さらに大きな水域の管轄権を得ることになる．

　一方，わが国の南東には地球表面を覆うプレートが沈み込んでできた海溝が連なっているので，水深の深い水域が多い．そのため，わが国の排他的経済水域の体積を計算すると，世界第 5 位にあたる 15 万 8000 km³ である（松沢，2005）．また，5000 m 以上の水深がある面積は全体の 32％ に達する（松沢，2005）．

　われわれ日本人は，わが国は陸地面積の小さな国と思いがちであるが，このように広大な排他的経済水域をもつのである．また，このような広大（かつ体積も大）な水域に対する管轄権をもつということは，環境保全などの管理義務も負うということを忘れてはならない．

1.2.2　海洋環境の特殊性

　海洋自体が大変大きいことは感覚的にも容易に理解できるであろう．また，わが国が管轄すべき排他的経済水域に範囲を限定してもその広さと体積の大きさ（深さ）に驚くであろう．海洋技術環境学ではこの巨大な海洋を視野の中心に据えて〈環境の世界〉創成を考えるのである．

　しかし，海洋の場合は陸上や大気中と異なる大きな問題がある．それは，電波や可視光が深い海中まで達しないことである．つまり，地球表面の理解に大変役に立つ人工衛星などによるリモートセンシング（離れた場所から観測を行う技術）が使えないことである．海中の探査には電波のかわりに音波を用いるのであるが，音波はすぐに減衰して遠くまで到達しない．そのため，海洋の調査は大変効率が悪く，われわれが観測できるのは巨大な海洋のごく一部に限られるのである．

　これは，海洋技術環境学が考える環境世界の創成において大きな問題の一つである．一般的に陸上で行われる環境保全などでは，普通はいろいろな観測や調査の結果が存在するので，元の自然の状況がだいたいはわかっている．もし，それ

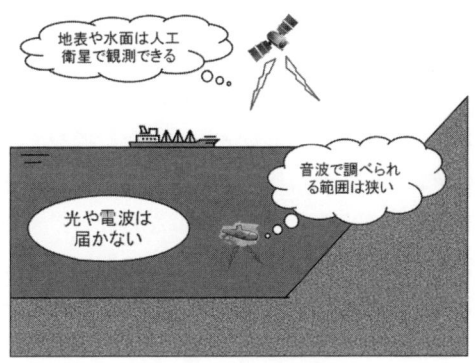

図1.3 海洋観測の難しさ

が人間の住まない地域であっても，人工衛星によるリモートセンシングを行えば，広い範囲の変化を簡単に知ることができる．それによって，人間活動によって自然がどのように変化したかをかなり高い精度で把握することができる．また，人間による何かの開発が行われた場合には，それによってどのような変化が進行しているのかも，わりあい簡単に監視することができる．一方，海洋ではもともとよくわかっていない海域が大部分であるし，変化を観測しようとしても限られた情報しか得られないのである．

このような現実があるため，よく理解できていない海洋には何もふれてはいけないという考えが一部にある．しかし，これは不可能である．もし，われわれが直接海洋と接触しなくても気圏や地圏とのやりとりを通して，海洋にも必ず何らかの影響を与えるからである．

1.2.3 環境保護との違い

環境保護といわれる考え方は，人類は海洋にいっさい手をつけてはならないという考え方に近い．これは，上述のように不可能なのだが，ではどうすればよいのだろう．海洋技術環境学では次のように考える．

われわれ人類は地球上に住むかぎり，われわれの活動により海洋を含めた地球の自然に何らかの影響を与えることは免れない．一方，自然は常に一定の状態にあったのではなく，太古からある程度の変動を伴っている．したがって，われわれの活動が影響を与えたとしても，それが自然の受容可能な範囲，すなわち自然

が本来もっている変動の範囲内に収まればよいであろう．そうなるように人類の活動がコントロールされ，自然と人工物が複合したシステムが破たんをきたさず持続されるのが，海洋技術環境学の目指す〈環境の世界〉の創造である．

そのためには，人類の活動をコントロールするだけでなく，海洋のもつエネルギーや資源などのポテンシャルを積極的に利用して，陸上で行われている活動による自然への影響を減らすことも考えなければならない．また，一方でわれわれは海洋をよく知らないということを認識し，探査や観測を通して可能なかぎり海洋の理解を深める努力を怠ってはならない．さらに，海洋における人類の活動のうち持続可能でないことがわかったものについては，その活動をすぐに中止しなければならない．そのためには，海洋における活動は十分な監視（モニタリング）体制のもとに行わなければならない．

このようにして，われわれは海洋をよく知り，守りながら，賢く利用していくことが〈環境の世界〉の創成において大変重要である．次節では，海洋技術環境学ではこれをどのような方法によって実現するのかについて述べる．

1.3 〈環境の世界〉創成実現へのアプローチ

1.3.1 海洋産業の役割

読者のみなさんは海洋産業という言葉を聞いて何を思い浮かべるだろう．産業という言葉から自然破壊を連想する人もいるのではないだろうか．確かに，かつては貴重な自然を破壊した海洋産業もあった．しかし，それらはその海洋の理解が不十分なまま開始され，十分なモニタリングを実施しなかったために生じたものがほとんどである．すなわち，海洋をよく知らず，守れず，賢く利用できなかったのである．

これとは逆に，海洋技術環境学では積極的に海洋産業を興すことが海洋をよく知り，守りながら賢く利用することにつながると考えている．海洋を知ったり守ったりする活動は税金によって賄われているのが現在のわが国の姿であるが，このような方法では国民の負担が増えるだけで，海洋をよく知り，守るという活動に対する理解はなかなか得られない．ところが，もしも持続的に継続される大きな海洋産業があれば，そこで得られる収益の一部をこのような活動の資金とする

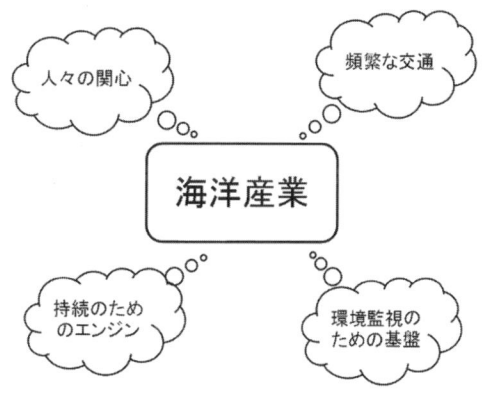

図1.4　海洋産業の果たす役割

ことができる．すなわち，海洋産業は海洋におけるさまざまな活動のエンジンの役割を果たすのである．

　また，海洋の探査・調査やモニタリングにはさまざまな観測機器などを搭載するプラットフォームが必要になる．これも海洋産業が盛んであれば，海洋産業に用いるプラットフォームを利用して効率的に運用することができる．さらに，海洋産業があれば，人々がその海域に足を運ぶ回数も増え，関心も高まる．もし，海洋産業が大きな収益を得ていれば，海洋産業に直接関係しない産業に従事している人々も海洋産業に関心をもつであろう．このようになれば，海洋そのものに対する関心も深まり，国民全体が海洋をよく知り，守るという合意が形成されるであろう．このような基盤のもとに賢く利用することが海洋技術環境学の目指すところである．

1.3.2　海洋産業の例

　現在，わが国がもつ大きな海洋産業は海運・造船業と水産業である．国外では海底油田・天然ガス生産という大きなエネルギー産業もある．水産業やエネルギー産業は海の恩恵を人類が受けている産業である．水産業ではとりすぎないことが持続的に継続させる鍵である．したがって，魚類のモニタリングは従前より実施されているし，近年では養殖などわれわれが漁獲量をコントロールできる業態に推移している．エネルギー産業では，石油・天然ガスなどの化石燃料はいずれ枯渇するため持続的ではないが，洋上風力発電や波力発電など再生可能エネルギ

ーファームが建設されており，いずれは持続可能な海洋エネルギー産業へ移行すると予想される．

このほかにも海底の通信網は情報インフラを担う重要な海洋産業であるし，海洋の保全や修復そのものを産業とすることも考えられる．その他にも海洋のポテンシャルをいかしたさまざまな産業が考えられる．

1.4　10年後，50年後に〈環境の世界〉があるべき姿

1.4.1　10年後

これから10年後には海洋を中心とする〈環境の世界〉は以下のようになっているであろう．

海洋産業ポテンシャルマップ

海洋をよく知り，海洋産業を興すにはわが国の財産であるEEZ内の海洋の鉱物資源，エネルギー資源，生物資源の資源量調査を行わなければならない．そして，それらに対する産業化可能性の評価や産業化における環境影響評価を行った，海洋産業ポテンシャルマップが整備されているであろう．

海洋開発による資源・エネルギーの自給率向上

海底下に存在する新エネルギー源メタンハイドレートの開発利用と海流・潮流発電や洋上風力発電などの海洋再生可能エネルギーの開発利用が推進され，パイロットプラントによる産業化の芽が芽生えているであろう．また，海底熱水鉱床やコバルト・リッチ・クラストなどの海底鉱物資源のパイロットプラント事業が推進され，1000〜2000 t/日以上の商業生産が開始されているであろう．

持続可能な水産食糧供給の産業力強化

わが国の水産資源の持続的で積極的な開発利用を推進するため，水産資源の保存および管理，水産動植物の生育環境の保全および改善や漁場の生産力の増進がさらに推進され，これらによって水産食糧供給の産業力を強化されているであろう．

わが国の海事産業競争力の堅持

海運は世界経済を動かす大動脈としてわれわれの生活に定着している．しかし，今後は地球温暖化をはじめとする環境問題，食糧，水，資源，エネルギーな

どの逼迫, 発展途上国の経済成長により, 世界経済が大きな変化を遂げると予想される. この新しい世界経済に沿って新しい国際物流秩序が形成され, 効率的かつ自然環境に配慮した海上輸送が行わなければならない. そのため, 新海上物流システムの構築や海運グリーン化が行われ, 海運 CO_2 排出量半減の達成に技術的な目処がつけられるであろう. また, グローバルな低炭素型シームレス物流も開始されているであろう.

フロンティア海域の環境管理の実践と海洋環境産業の創設

人類のフロンティアとして開発が進む深海や沖合の海域では海洋環境保全のための管理手法が開発され, 世界に類のない先端的環境調和型システムの創成を実現されると同時に, これを担う海洋環境新産業の振興が図られているであろう.

総合的海洋情報管理の推進

総合的な EEZ の海洋観測・監視網の構築を行い, これらと予測情報を併せて利用が可能な海洋情報管理システムを整備される. これらの民間利用を推進し, 海洋情報産業が育成されるであろう.

基盤学問の拡充と人材育成

海洋世界創成のためのプログラムに基づく海洋の研究ならびに教育・啓発や海洋技術を支える人材の育成, 教育・啓発により, 海域の特性に応じた海洋知的クラスターが各地に構成され海洋新産業が多数創出されるであろう.

1.4.2 50年後

地球温暖化, エネルギー・資源供給力の鈍化, 食糧・水不足など, 人類が直面する地球規模の諸問題を解決し, 世界各国・各地域が持続的に発展しつづけるために, 海洋はこれまで以上に豊かにかつ賢く利活用されているであろう. 特に四周を海に囲まれるわが国では, 広大な領海および EEZ に眠る多様な可能性が拓かれ, 新しい産業が花開いているであろう. また, 大きく変化した国際経済に沿って新しい国際分業が形成され, それを支えるグローバルな低炭素型シームレス物流が展開されているであろう.

特に, わが国では, ①EEZ に賦存する天然資源や再生可能エネルギーの開発利用, ②持続可能な水産食糧供給, ③安全かつ高効率・クリーンな海運物流が環境世界を支える海洋基盤産業として発展しているであろう.

一方, 海洋は複雑な地球環境システムの根幹をなす重要な構成要素である. 50

年後には，地球規模で行われている人類の経済活動・社会活動との相互影響が現在に比べてさらに重要度を増している．自然環境を保全しながら積極的に開発利用を進めるためには，海をよく知り，守る活動は地球規模で行わなければならない．そのため，海洋観測・調査の高度化・総合化のために必要な技術開発やインフラ整備は国際的協調のもとに行われているであろう． ［高木　健］

2 海洋産業と環境

2.1 海洋産業の広がりと人類社会への役割

2.1.1 海洋産業ルネッサンス

　人類は太古の時代からさまざまな形で海を利用してきたために,「海洋産業」といわれて想起されるイメージは多様である．例えば航空産業や宇宙産業などと比較すると，個人差がかなり大きくなるのではないだろうか．2007（平成19）年7月に施行された海洋基本法では,「海洋産業」は「海洋の開発，利用，保全等を担う産業」であると説明された．わが国ではこれが今のところ法律によるほぼ唯一の定義といえるものであるが，漠然としている．内容は，水産業，海運業，造船業など，成り立ちやその時期，必要な技術や技量が異なるいろいろな既存産業と，これから大きく伸長することが期待される新産業を，海洋というくくりで束ねているだけのようにみえる．しかし，束ねることに重要な意味があることも理解しなければならない．

　現在，地球環境問題という用語が広く浸透してきた．CO_2をはじめとする温室効果ガスの排出量削減をめぐる議論が国際政治の場で行われるようになって，気候変動問題が頭に浮かぶ人も多いと思われるが，他にも酸性雨，オゾンホール拡大，森林消失，砂漠化などがあげられる．一国のなすことが他国へ影響を及ぼしたり，一国の努力だけでは改善が進まなかったりというような，多国間あるいは地球規模の諸問題の総称である．これらに共通することは，人類の総体としての活動が加速度的に大きくなってきて，地球という一つの惑星がもつポテンシャル（能力の大きさ）がさまざまな局面でその有限性を示しはじめたということであろう．18世紀の産業革命以降の石炭や石油の利用によって，大気中のCO_2濃度が

今世紀末には2倍になりそうだとか，あるいは1990年代には毎年日本の4倍以上の面積の森林が地球上から消滅した，などと聞くと，その影響がどのようなものになるかを考える以前に驚嘆してしまう．

人類が資源の獲得や環境への負荷を，これまで主に陸上の諸物に対して与えてきて，限界がみえてきているのである．だから従来以上に国内外で海洋の利用や開発に目を向ける機運が出てくるわけだが，それだけでは，いずれまた限界がくる日もこよう．そして現実的にはその次はないのである．人類あるいはわが国が，海洋を上手に活用して，持続可能な生存基盤をいかに確保するかが，今後の，とりわけ21世紀前半の，重要な課題である．これに取り組むとき，規模の大きさや継続性が必要で，それは産業活動とよばれるものになる．従来の産業分野が個々に活動の場を海洋領域に延長・拡大していくのではなく，協調連携して，長期的で総合的な計画・戦略のもとで取り組んでいくことが持続可能性の礎となろう．つまりこれからの本格的な海洋の開発，利用，保全は，個々の産業行為から調和のとれた総合産業としての営みへ生まれ変わっていかなければならない．そして21世紀前半，すなわちわれわれが生きていく時代が，そのターニングポイントたるべきである．

後世に海洋産業ルネッサンスとでもよばれる時代の幕を開けよう．

2.1.2　日本の海洋産業の規模

内閣官房総合海洋政策本部の調査事業として行われた「海洋産業の活動状況に関する調査」（平成20年度内閣官房総合海洋政策本部調査，平成21年度内閣官房総合海洋政策本部調査）によると，平成17年度の産業連関表[*1]から推定されるわが国の海洋産業市場規模（国内生産額）は約20.0兆円で，従業者数は約98.1万人とされている．そして，その中で生産額の高い業種（産業部門名称）としては順に次があがっている．

●外洋輸送（2.72兆円，0.7万人）

[*1] 産業連関表は，国内経済において一定期間（通常1年間）に行われた財・サービスの産業間取引を一つの行列（マトリックス）に示した統計表である．産業連関表を部門ごとにタテ方向（列部門）の計数を読むと，その部門の財・サービスの国内生産額とその生産に用いられた投入費用構成の情報が得られる．また，部門ごとにヨコ方向（行部門）の計数を読むと，その部門の財・サービスの国内生産額および輸入額がどれだけ需要されたかの産出（販売）先構成の情報が得られる．（総務省統計局ホームページより引用）

● 生鮮魚介卸売業（1.71兆円，10.4万人）
● 海岸・港湾・漁港整備（1.71兆円，13.7万人）
● 鋼船（1.47兆円，3.2万人）
● 港湾運送（1.47兆円，9.1万人）
● 冷凍魚介類（1.37兆円，4.3万人）

また，上には現れていないものの，漁業に関する業種の総和（沿岸漁業＋沖合漁業＋遠洋漁業＋海面養殖業）は1.50兆円，24.1万人であり，冷凍魚介類以外の水産加工食品の総和（塩・干・くん製品＋水産びん・かん詰＋その他）は1.45兆円，8.2万人である．また沿海・内水面輸送（いわゆる内航輸送）は，0.92兆円，3.9万人となっている．なお，算出の基礎とした産業連関表では，官需によるものや海外の現地子会社の売り上げが除かれたりしているため，各業界で共有されている売り上げ規模に合致しない数値になっている部分もあることを付記しておく．

以上を大ぐくりにしていえば，水産業（6.0兆円），海運物流（5.1兆円），海洋土木（1.7兆円），造船（1.5兆円）が，現在わが国の海洋産業を構成する主な業種であり，海洋産業全体（20.0兆円）では国内総生産の約4％を占めていることになる．

ちなみに，科学技術分野などで海洋と併記されることの多い「宇宙」であるが，日本航空宇宙工業会の集計によると，平成22年度のわが国の宇宙産業の規模は約9.17兆円であった（（社）日本航空宇宙工業会平成23年度宇宙産業データブック）．これには衛星打ち上げなどの機器産業からカーナビや衛星放送サービス，GPS機能付携帯電話あるいは衛星情報を気象予報・災害監視などに利用する利用産業群が含まれている．評価方法が異なるので比較することにあまり精度はないものの，わが国では宇宙産業よりも海洋産業の方が規模が大きいことになる．

国民に意識されているかどうか不明だが，数字からみて，日本は世界でも有数の海洋産業を有する国であるといえる．海洋の開発，利用，保全に向けた総合産業としての取り組みの基盤は十分にあるのである．ただし外航海運を除いて，やや低迷傾向にある業種が多い状況であることは否めない．海洋新産業創出による市場拡大と産業力の回復は両輪であり，それを軌道にのせるために，いかにして新産業の初期市場を形成していくかが重要である．

2.1.3　既存の海洋産業の現状と役割

　わが国では現在，海洋産業を構成する主要な業種は，水産業，海運物流，海洋土木，造船であることを前述した．

　水産業は，わが国の食糧確保にとって重要であると位置づけられる．例えば日本人が摂取する動物性タンパク質のうち，魚介類は約40％を占めている．しかしながら，2010年（平成22）年度の漁業の生産量は，昭和59年度のピーク時に比べて41％，東日本大震災を受けて2011年度には37％となっている（農林水産省ホームページ「農林水産基本データ集」）．養殖による生産量も適地の限界などにより頭打ち状態にある．その結果，水産物全体では，一時の輸出国から今では世界最大の輸入国になり，自給率は60％になっている（農林水産省ホームページ「農林水産基本データ集」）．今後，海外での買い付けは競争激化がさらに進み，国内漁業の再生や養殖業の技術革新が不可欠である．

　海運物流は，わが国の経済社会のベースになる交易を支える産業である．必要物資の輸入や外貨獲得・国内雇用確保のための輸出の手段の確保は，安全保障上の意義が高く，国際競争力の堅持が必要である．現在，国際海運における日本の大手3社は，売上高や保有船隊において世界の5位以内を占めており（商船三井経営概況），中長期的な世界経済の成長とグローバリゼーションによる海上輸送の伸びを受けて事業規模をさらに拡大中である．今後は，日本船籍の船ならびに日本人船員の数を増やすことが国の政策課題であるといわれており，また船から排出されるCO_2の削減などグリーン化が世界共通の技術的課題として注目されている．

　わが国の海洋土木は，これまでの主な対象が海岸・港湾・漁港の整備，いわゆる公共工事であり，2009（平成21）年の政権交代を機に「コンクリートから人へ」の路線変更の余波を大いに受けた．しかしながら，東日本大震災からの復興や災害に強い国づくりをめざして当面は集中的な投資がなされるであろうし，地球温暖化に伴う海面上昇や台風大型化への適応，わが国の港湾競争力の強化，漁村を中心とする地域社会や離島の再生・活性化など，課題解決のために必要な投資はなされるべきである．なお，大規模な海洋工事に伴う環境影響アセスメントは，生物多様性の維持などを含め，従来にも増して重要性が高まっているとの認識が必要である．

最後に造船であるが，上述したように，中長期的に海運業は成長産業であり，それを支える造船業も世界全体でみると拡大基調である．しかしながら，世界経済の継続的成長を見込んだ大量発注で，2008（平成20）年度末まで急増してきた手持ち建造量が，リーマンショックに端を発する世界不況で急激に落ち込みつつある状態である．韓国・中国の建造能力は拡大しており，景気が回復しても供給力過多の状態が続くと見込まれる．わが国で海の分野におけるマクロエンジニアリングの主たる担い手であった造船・重工業会社が，新しい海洋産業の機器システム供給の担い手に変身するのか，あくまで造船にこだわり本業として死守するのか，分岐点にきているといえる．

2.1.4 新しい海洋産業の創出

海洋産業の健全な姿は，産業を構成する個々の分野が相互に協調連携し，海をよく知る，賢く利用する，護るという活動が事業として実践されるというものである．その中で，施設や機器の継続的な受注があり産業として一定の規模が確保されていること，その中に高レベルの技術者集団が確保され，技術が開発，発展継承されるという好ましい循環が継続するというものである．さらに，大学や研究機関の研究により開発される技術や新しいコンセプトが投入され，相乗的に活気ある産業が形成される状況が必要である．そして，そこに魅力を感じる若い有能な人材が多く集まるという姿が理想的である．望まれる産業の姿を図2.1に示

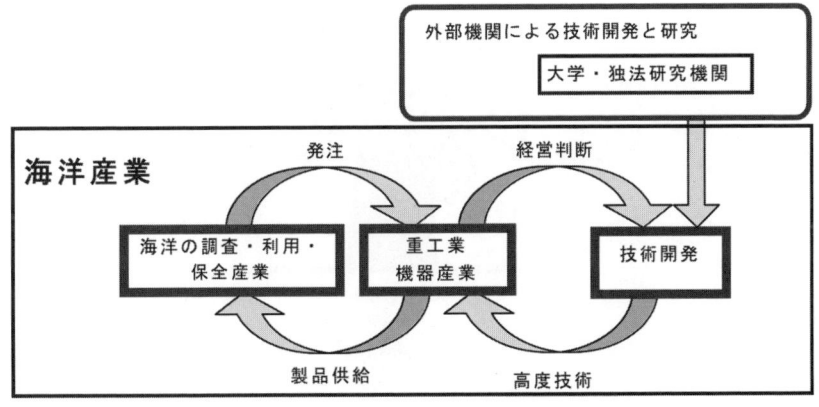

図2.1　海洋産業と技術開発

す．特に，これらの活動がわが国の排他的経済水域（EEZ）において展開されることが重要である．

わが国の現状は強固な産業基盤を背景にして，機器，素材など要素技術には強いものがあるが，海洋石油産業のように海洋を対象にした継続的な活動がないため，自立した産業活動がなく要素技術を総合して目的を達成するシステムを構築することに関して技術の蓄積や経験が乏しい．また，海洋産業は基本的に多品種少量生産の産業であり，多様な技術ニーズにこたえるため，多くの技術者を必要とする産業である．これまでの取り組みは従来造船・重工業が多くを担ってきたが，少品種多量生産により，生産効率を上げて国際競争に臨んでいる現在の造船業としては，海洋関係の案件については継続的にコミットし，ビジネスの動向，ルールの動向をウォッチすることは難しい状況にある．

一方，各方面で指摘されているように，海洋はわが国の持続的発展にとって重要となる，深海底鉱物資源，炭化水素系のエネルギー資源，生物資源，海洋の再生可能エネルギーなどさまざまな可能性を有している．例えば，世界的に再生可能エネルギーの利用は持続可能な社会の構築にとって重要と考えられている．海洋の有するエネルギー資源は膨大で，経済的かつ CO_2 排出の少ない形で開発できるなら，その恩恵は計り知れない．海洋において近い将来から今世紀半ばに向けてどのような技術開発をしていったらよいか，取り組みの求められる課題を図

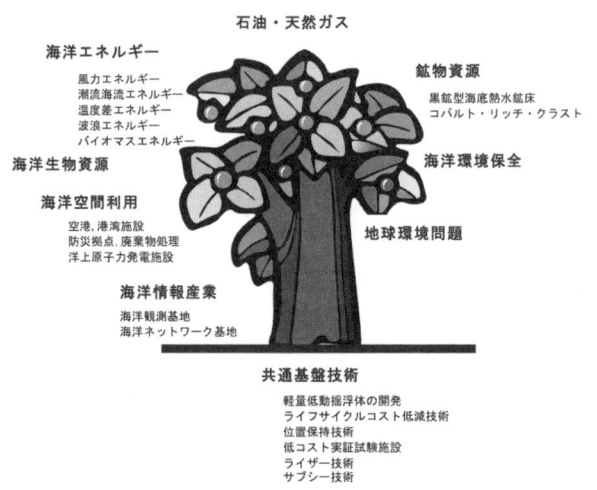

図2.2 取り組みの求められる分野と開発課題

2.2 に示す．

2.2 海洋産業における環境問題

2.2.1 海洋産業が引き起こす環境問題と規制

　人間による活動は多かれ少なかれ周辺環境に影響を及ぼしうるため，その程度があるレベルをこえて大きくなると，被害が顕在化して社会問題になり規制や対策が講じられることになる．海洋において営まれる産業活動もまた同様である．特に，大型タンカーによる石油海上輸送の著しい増大が始まった 1960 年代以降，船舶の海難による油流出や運航時の油・汚水の排出による海洋汚染が国際的な問題となり，その対応策として 1973 年，MARPOL 条約（船舶による汚染防止のための国際条約）が採択された．表 2.1 に同条約の構成を示すが，年を経るにつれ油による汚染以外にも適用範囲が広がっている．また，内容についても度重なる修正・改正によって強化・整備が行われている．

　船の事故による油流出はしばしば深刻な海洋汚染を引き起こしてきた．表 2.2 に大規模油流出を起こした主なタンカー事故を示す．原因は，座礁，衝突，火災，波浪による船体折損などである．MARPOL 条約のもとで，タンカー構造基

表 2.1　MARPOL 条約の構成

本体（1983 年 10 月発効）
附属書 I（1983 年 10 月発効） 　油による汚染の防止のための規則
附属書 II（1987 年 4 月発効） 　化学物質（ばら積みの有害液体物質に限る）による汚染の防止のための規則
附属書 III（1992 年 7 月発効） 　容器に収納した状態で海上輸送される有害物質による汚染の防止のための規則
附属書 IV（2003 年 9 月発効） 　国際航海に従事する船舶からの糞尿及び汚水の排出に関する規則
附属書 V（1988 年 12 月発効） 　船舶からの廃物による汚染の防止のための規則
附属書 VI（2005 年 5 月発効） 　船舶からの大気汚染防止のための規則

表 2.2 主要なタンカー油流出事故（参照：海事局安全基準課/気象庁など）

年/月	船　名	汚染被害国	流出量(t)
1967/ 3	トリー・キャニオン号	イギリス・フランス	119000
1971/11	ジュリアナ号	日本	7200
1972/12	シー・スター号	オマーン	120000
1976/ 5	ウルキオラ号	スペイン	100000
1977/ 2	ハワイアン・パトリオット号	アメリカ	95000
1978/ 3	アモコ・カディス号	フランス	223000
1979/ 7	アトランティック・エンプレス号	トリニダード・トバゴ	287000
1979/11	インデペンデンタ号	トルコ	95000
1983/ 3	カストロ・デ・ベルバー号	南アフリカ	252000
1988/11	オデッセイ号	カナダ	132000
1989/ 3	エクソン・バルディーズ号	アメリカ	37000
1991/ 5	ABTサマー号	アンゴラ	260000
1993/ 1	ブレア号	イギリス	85000
1993/ 1	マークス・ナビゲータ号	インドネシア	25000
1994/ 3	ナシア号	トルコ	30000
1994/ 3	セキ号	UAE	15000
1995/ 7	シー・プリンス号	韓国	96000
1996/ 2	シーエンプレス号	イギリス	72000
1997/ 1	ナホトカ号	日本	6200
1997/ 7	ダイヤモンドグレース号	日本	1550
1999/12	エリカ号	フランス	1万以上
2000/10	ナツナ・シー号	シンガポールなど	7000
2002/11	プレステージ号	スペイン	2～3万
2006/ 8	ブライトアルテミナス号	公海上	4500

準の策定や船体検査の規定などが行われ，事故が起こるたびにさらなる改定強化がなされてきている．

　船からの流出以外では，海底油田開発に伴うものがある．過去には，1969年のカリフォルニア沖サンタ・バーバラ油田や1977年のノルウェー沖エコフィスク油田における石油噴出事故などがあるが，2010年4月にメキシコ湾で発生した半潜水型掘削リグ，ディープウォーター・ホライゾン号の爆発炎上・沈没事故に伴う海底掘削坑口からの油流出は記憶に新しい（図2.3，2.4）．事故発生から停止対策の一応の成功までに3か月を要し，その間に約80万tの漏油があったと推計されている（JOGMECホームページ[2]）．水深1500mの海底からの大量流

---

[2] JOGMECホームページ石油・天然ガス資源情報「メキシコ湾油流出事故の技術的考察と海洋石油開発への巨大な影響」（2010年8月12日，伊原賢）

2.2 海洋産業における環境問題

図2.3 ディープウォーター・ホライゾン号の爆発炎上（AP通信）

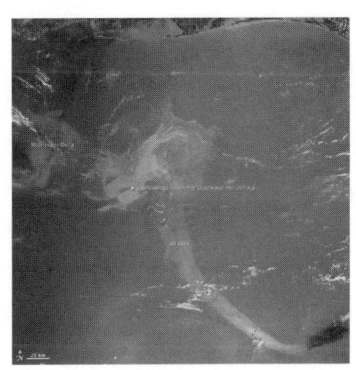

図2.4 5月17日NASA撮影のメキシコ湾油流出状況

出油は，タンカーの座礁や衝突のような海面付近でのものと異なり，オイルフェンスなどによる拡散防止・回収が困難であり，大気への揮発も少なめになることなどから，海洋環境への影響は広域および長期に及ぶといわれている．これまでこの種の汚染に対する規制は，資源開発に対して排他的権利を有する沿岸国が管轄し国内法で対処しているが，今後，海底資源開発の安全規制が強化される流れとなると考えられる．国際的な規制の動きが出てくる可能性もあろう．

海洋汚染のみならず，MARPOL条約の附属書VIでは，大気汚染を防止するために，船舶からのオゾン層破壊物質，硫黄酸化物（SO_x），窒素酸化物（NO_x）などの排出を規制している．さらに最近は，温室効果ガスである二酸化炭素（CO_2）の削減についても議論が始まっており，船舶への環境対策技術の適用は海事産業界の重大関心事になっているところである．なお，一般には飛行機輸送や自動車輸送と比べてトンマイルあたりの輸送で排出されるCO_2の少なさから，船舶輸送が鉄道輸送と並んでモーダルシフトの重要な選択肢であることは留意しておきたい．

船舶や航空機を用いた陸上起源の廃棄物の海洋投棄についても厳しく規制される方向にある．1972年に採択されたロンドン条約（廃棄物その他のものの投棄による海洋汚染の防止に関する条約72年議定書）では，廃棄物を危険性・有害性に応じて分類し，附属書Iに列挙された物質の海洋投棄を全面禁止，附属書IIに列挙された物質の海洋投棄を特別許可に基づくものとした．全面禁止とされるのは，水銀・水銀化合物，カドミウム・カドミウム化合物，石油，放射性廃棄物・

物質などである．先ごろ批准国が必要数に達して効力発生した同条約の1996年議定書は，72年議定書を大きく改定するもので，最も大きな改正点はリバース・リスト方式の採用である．つまり，これまでは，海洋に有害と認定されるものの投棄を禁止するものであったが，96年議定書では，原則として廃棄物を投棄させず，許可されるもののみを例外的に投棄可能としたのである．また，廃棄物その他のものの洋上焼却も原則として禁止した．

次にバラスト水管理について述べる．国際海事機関（IMO）によると世界で年間30億～50億tのバラスト水が移動し，バラスト水に含まれている生物が本来の生息地でない海域で繁殖することにより，生態系の撹乱や健康被害が生じる問題が顕在化している．ここで，バラスト水とは，大型船舶が航行時のバランスをとるために船内に貯める海水のことで，例えばオーストラリアから日本へ鉱石などを運搬してきた船舶が，復路では日本沿岸域でバラスト水を取水し，オーストラリア近海で排水するような状況が生じる．IMOでは，2004年2月にバラスト水管理条約（船舶のバラスト水および沈殿物の規制および管理のための国際条約）を採択し，バラスト水管理システムの搭載を義務づけることとした．バラストタンクの大きさや建造時期に応じて順次搭載義務が発生し，2017年までにすべての船舶への搭載が義務づけられるタイムスケジュールが描かれている（表2.3）．ただし，バラスト水管理システムの技術開発がようやく実用化段階ということもあって，2012年6月時点で条約自体は未発効である．

次に防汚塗料の規制についてである．船底部に貝などが付着することによる推進抵抗の増加，すなわち燃費の悪化を防ぐため，有機スズ化合物（TBT）を含有する防汚塗料が広く用いられてきた．海中に溶け出したTBTによる海洋生物への悪影響が問題視され，IMOでは2001年10月，船舶の有害な防汚方法の規

表2.3 バラスト水管理システム搭載義務の経過措置

建造時期	バラスト水タンクの総容積（m^3）	処理システムの搭載義務が発生する年
2008年以前	1500未満 1500～5000 5000より大	2017年 2015年 2017年
2009～2011年	5000未満 5000以上	2009年 2017年
2012年以降	すべて	2012年

制に関わる国際条約を採択した．本条約によると，TBT船底防汚塗料による新たな塗装を2003年以降禁止，2008年以降は船体外板の塗料内へのTBTの存在を禁止している（塗り替え義務）．なお同条約は，2008年9月に発効した．

以上述べてきたように，世界の荷動きの大半を担う船舶輸送によって生じる環境問題は，この何十年間に多岐にわたって顕在化し，国際条約の採択を通じて規制が設けられてきた．各国の産業構造への配慮や産業界との駆け引きが行われるなか，時間は要したものの，着実に対策改善が図られてきたといえよう．また，規制をみたすための新技術・新製品開発，例えばバラスト水管理システムやTBTに替わる防汚塗料などは，新たな市場を形成するものであり，規制強化が産業にとってマイナスにばかり作用するものでないことに留意すべきである．

2.2.2 海洋産業に影響を及ぼす環境問題

ここまでは海洋産業活動による海洋汚染について概述してきた．一方，人間の活動の大半は陸上で営まれており，陸上起源の廃棄物や排出水による海水などの汚染・汚濁は，一定の海洋環境状態をよりどころにした海洋産業（主に水産業）にとって影響が重大である．

「水に流す」という表現がある．復旧するというよりもなかったことにするという意味合いが強い．年間を通じて比較的潤沢な水が身近にある日本人にとって，水は，もちろん飲料用・農業用など生存にかかわるものだが，洗濯・入浴・水洗・洗浄など，洗い流すためのものであるとのイメージも少なからずある．汚れや不要物あるいは身近にとどめておくと悪影響の生じるもの，そのような廃棄物を流し去って遠くにやることで，快適性のある文明基盤を手に入れてきたといえる．

しかし，人口の増加や都市への集中，河川周辺域の開発，農業による化学肥料・農薬の多用，重化学工業の隆盛などが進むにつれて，廃棄物などの受け入れ先であった海洋の汚染が，河口付近はもとより，湾内・内水域・沿岸域で顕著になり，周辺住民の健康被害や漁場の衰退に結びつくようになった．汚染物質はさらに，地球規模で海洋に広がっているとの証左も得られるようになっている．先進国では工業廃水・産業廃棄物を規制したり各種の処理施設の整備を図ったりして，汚染物質が河川や海へ流れ込む量の低減に一定の効果を得ているものの，発展途上国の汚染問題解決は今後の課題である．

汚染・汚濁の原因としては次のようなものがある．

有害物質

わが国の水質汚濁防止法では，人の健康に被害を生ずるおそれのある物質を「有害物質」とし，カドミウム・シアン・鉛・水銀・PCBなど27の物質を政令で指定して環境基準（濃度基準）を設けている．主に工場からの排水や産業廃棄物が発生源として警戒され，不法投棄も無視できない．流出した時点で濃度が低くても，食物連鎖による生物濃縮が生じ，食用になるような大型海洋生物に高濃度に蓄積すると健康被害などの原因になるといわれている．なお，規制や対策処理が行われていなかった時代に排出された有害物質が底質に蓄積されている場合，状況が改善された後も溶け出して水質を汚染しつづけるケースがある．

有機物

有機化合物を多く含む排水が流入したり，養殖場で未消化の餌が底部に滞留したり，繁殖した藻類・プランクトンなどの死骸が堆積したりすると，有機物がバクテリアによって分解される過程で水中の溶存酸素濃度が低下し，酸素呼吸を必要とする生物が生存できなくなったり，嫌気性微生物による硫化水素生成が生じたりして，大規模な漁業被害を招くことがある（図2.5）．一般家庭から排出される油脂やとぎ汁なども一因となっているので，市民の環境意識の向上を伴う対策が必要である．

図2.5 酸素不足の青白い水面が広がる青潮
（四国新聞社ホームページ）

図2.6 富栄養化による赤潮（愛知県下水道課ホームページ）

栄養塩類

　窒素やリンのような栄養塩類が過剰に供給されると，富栄養化が進み，藻類やプランクトンが爆発的に繁殖し生態系が不安定となって被害が生じる（図2.6）．食糧需要を支えるために多量の化学肥料が空気と水から製造されて耕地に投入され，余剰分が河川を通じて海へ流れ込んでおり，人口増加に伴って汚染が増えつづけるという構図になっている．

　ほかにも，森林伐採に伴う土砂の流入，建設工事などによる濁水，ビニール袋やプラスチックなどの腐食しないゴミの漂着などが，海洋生物や海洋生態系に深刻な影響を及ぼしている事例がある．また東日本大震災の際の津波漂流物や原発事故による海洋の放射能汚染は新しくて重要な課題である．

2.2.3　地球温暖化・海水酸性化

　近年の精力的な地球観測の結果，CO_2 をはじめとする温室効果ガスの大気中濃度が年々ほぼ確実に上昇していることが各国の各層に認知されるようになった（図2.7）（Climate Change 2001, Climate Change 2007）．世界気象機関（WMO）によると，大気中 CO_2 の 2010 年の世界平均濃度は 389.0 ppm となり，工業化以前（1750年以前）に比べて38％の増加となっている．最近10年間の濃度増加量 2.0 ppm/年はほぼ維持され，1990 年代の平均（約 1.5 ppm/年）より大きくなっている（WMO Greenhouse Gas Bulletin, No. 7, 2011）．CO_2 の大気中濃度をあるレベルで安定させるには，CO_2 年間排出量を現在より大幅に削減する必要があり，そのレベルを低く抑制するには早期に削減が達成されなければならない．にもかかわらず，世界全体ではむしろ増加中であるのが実態である．

　CO_2 などの大気中濃度上昇と，平均気温の上昇や地球規模の気候変化との因果関係も確度が高いとされ（Climate Change 2007），CO_2 排出削減は今や国際政治の課題になっている．しかしその根幹には，気候変動リスクの観点からの「CO_2 排出量の早期大幅削減の必要性」と，発展途上国の今後の経済成長にかかわる「脱化石燃料の困難さ」という相反する課題があり，国の立場によって足並みが一致しないのが現状である（図2.8）．

　大気中 CO_2 濃度の変化が温暖化諸現象に対して波及していくフローを，単純化して描くと図2.9のようになる．フローが下流になるほど因果関係の出現が遅れ，顕在化しはじめたときには取り返しのつかないことになるが，ここでは話を

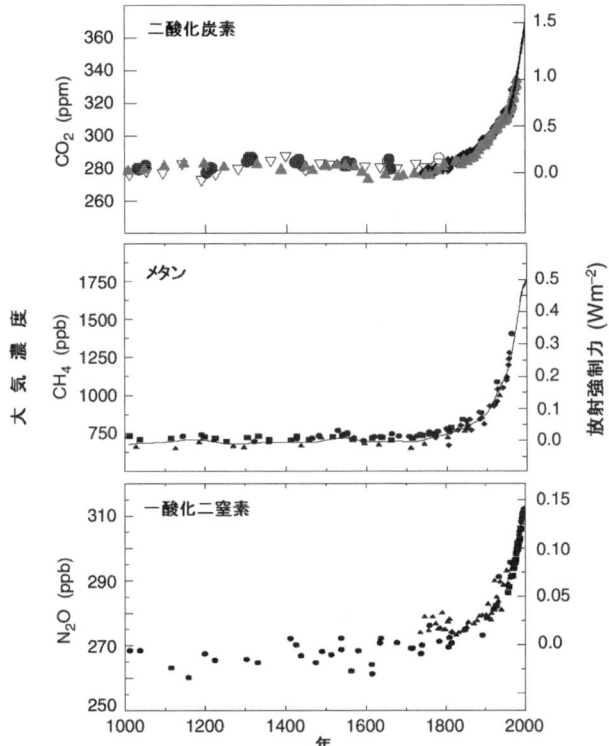

図2.7 過去1000年にわたる温室効果ガスの大気中濃度の変化（IPCC, 2001）

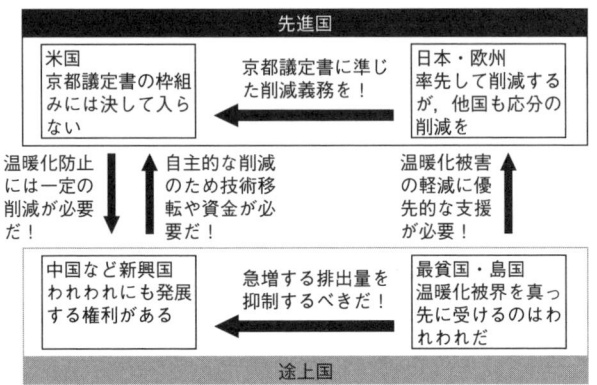

図2.8 COP15における温暖化交渉の構図（平成21年12月20日付朝日新聞記事より）

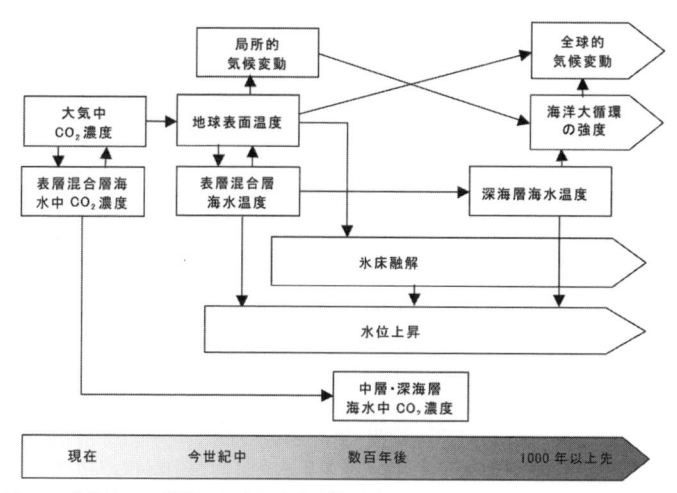

図 2.9 大気中 CO_2 濃度の変化が地球環境に波及していくフローと時間的イメージ

しぼって，当面の海洋産業（主に水産業）への影響として次をあげておく．
- 海水温度上昇による水産有用種の分布域変化
- 海水の密度成層強化による深層からの栄養塩補給の減少と一次生産の低落
- 海水酸性化による生態系への影響

このうち，いわゆる地球温暖化問題の現象の一つである海水表層温度上昇に起因する上の2項目は，予測精度の不確かさが指摘されるところでもあり，CO_2 削減政策のコンセンサスづくり・積極的推進のための課題を残しているといえる．地球環境に対する海洋の役割の重要性に鑑み，今後とも引き続き最新鋭の海洋観測・調査技術を開発・投入して，科学的な裏づけを強化していく必要がある．

一方，上記のうちの第3項目であるが，大気中 CO_2 濃度上昇による海水中 CO_2 濃度上昇が海洋の生態系へ直接的な影響を及ぼすことを懸念する声が高まってきている．海水中にはもともと CO_2 が溶けていて，大気中の CO_2 濃度が上昇したり表層の海水温度が低くなると CO_2 は海面を通じて海に吸収され，その逆のときには CO_2 が海から大気へ放出される．産業革命以前は，海域や季節などによって違いはあるものの，地球全体としてほぼ平衡状態が保たれ，大気中 CO_2 濃度（平均値）のレベルが安定していた．人為的に CO_2 が大量に大気中へ排出されるようになると，海は CO_2 を正味として吸収するようになった．しかし，その時々で大気と海洋全体が平衡状態に達した場合に期待される濃度に比べると，

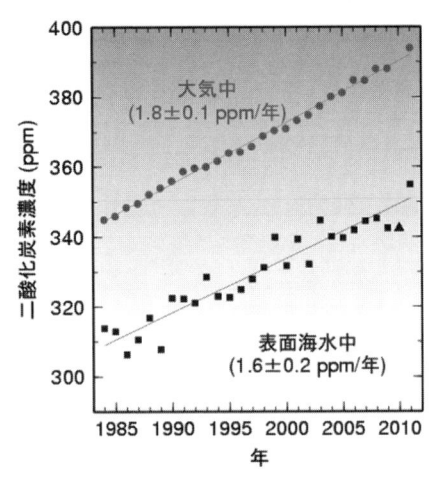

図 2.10　大気中 CO_2 濃度上昇に伴う表層海水中 CO_2 濃度上昇（気象庁，2011）

　大気中および海洋表層水中の CO_2 濃度はかなり高いレベルで推移し，その一方で，深海層の海水中の CO_2 濃度上昇は追随していない．これは，大洋では一般に表層付近（温度躍層より上の混合層）を除くと海水の鉛直方向の混合がきわめて遅く，深海層への CO_2 の移行が徐々にしか進まないためであると考えられている．

　図 2.10 に示すように，海洋表層の海水中 CO_2 濃度上昇はすでに顕在化して観測されている．生物活動の多くが太陽光の届く表層（有光層）で営まれていることから，全球的な規模でこれらの乱れや衰退が生じることが懸念されているのである (Ocean Acidification due to Increasing Atmospheric Carbon Dioxide, the Royal Society Policy document 12/05, 2005)．　　　　　　　　　　　　［尾崎雅彦］

2.3　海洋産業の新しい展開と環境

　食糧・資源・エネルギーの供給力を，世界人口の増加や経済発展に見合うように増大することは非常に難しい局面になってきており，一方で，気候変動のような地球規模の諸問題も切迫しつつある．これらの重要課題を解決するために，海からの恩恵を享受していく工夫がこれまで以上に求められている．以下に，新し

い海洋産業の誕生・発展によって課題が一部でも解決されることが嘱望されるいくつかのトピックについて概要を示すが，大規模な海洋の利用・開発は環境保全と相反するという対立構図を脱却し，持続可能性を価値の上位においた取り組みが不可欠である．

2.3.1 深海底鉱物資源

　国民生活と国内産業の持続的発展にとって，金属・レアアース類の安定供給は重要な課題である．近年の世界規模での経済活動の拡大を背景として2000年代初頭から始まった金属価格の上昇によって，史上最高値を更新するものが続出した．銅は2001年ごろに比べて約5倍，ニッケルは約10倍にも達した．リーマンショック直後にいったん価格は低下したものの，高値で安定した状態が続いている．特に，中国の金属需要の急激な増加が上昇の大きな原因の一つとしてあげられる．銅については，2002年ごろから3年間で日本の需要に匹敵する増加を示している．13億の人口を抱える中国の経済成長による電力需要の増加と生活水準の向上を考えると，この需要増加傾向は今後も続くと予想される．他の金属・レアアース類にも同様の傾向がみられる．レアメタル・レアアース類の生産国の中には国外輸出規制を実施する国が現れてきており，価格交渉が難航する問題が発生している．価格高騰が生じている一部の金属については，資源の枯渇の可能性が指摘されているものがあり，投機的動きによって価格高騰と乱高下が引き起こされている．2002年ごろに年間2000億円程度であったわが国の金属原料輸入額は，2006年には1兆円に急増している．

　日本の排他的経済水域と大陸棚には，世界第1位の潜在的賦存量を有する海底熱水鉱床と世界第2位のコバルト・リッチ・クラストが存在している．開発対象となる可能性が高い，銅，鉛，亜鉛，金，銀の含有割合が高い黒鉱型海底熱水鉱床が，伊豆・小笠原海域や沖縄トラフで発見されている．また，コバルト，ニッケル，銅，マンガンの含有割合が高いコバルト・リッチ・クラストは，白金，チタン，セレン，ジルコン，テルルなどが高い含有率で含まれており，重希土類元素が含まれている可能性が高いことなどが明らかになってきており，レアアース類の将来の供給源となる可能性が示唆されている．

　深海底鉱物資源は水深が1000mをこえる深海域に存在するため，開発のためには高度な技術が必要で，経済的な開発には困難が伴うと考えられてきた．しか

し，近年の深海探査技術や深海域での石油開発技術の向上によって，十分に事業性のある開発が行える段階にきている．

日本周辺の黒鉱型海底熱水鉱床は，海外企業も注目している．開発システムは，海底で鉱体から鉱石を採掘する機械装置（採鉱機）と採掘した鉱石を海面まで運搬する揚鉱システム，洋上で処理を行う洋上基地，陸上への輸送システムから構成される．海底熱水鉱床については開発対象となる鉱体の候補があり，開発が期待されるが，コバルト・リッチ・クラストについては，既知鉱体とよべるような経済的な可能性の高い場所が発見されていないため，中長期的な取り組みが必要である．

2.3.2 メタンハイドレート

世界の天然ガス消費は一貫して増加の傾向を示しており，日本においても一次エネルギー供給量の13％を占める重要なエネルギー資源となっている．また，燃焼時のCO_2排出が，石炭の約6割，石油の約7割ほどと化石燃料の中では最も小さく，燃焼時に発生するSO_xなどの発生量も小さいため，環境性に優れたエネルギー資源と考えられている．埋蔵量の約7割が中東に集中している石油に比べて地球上の多くの地点で産出することから，エネルギー安全保障の観点からも有用であり，今後も需要拡大が予想されている．特に，日本のEEZ内に多量に賦存する天然ガスハイドレート（Natural GasHydrate；NGH）は，わが国固有の天然ガス資源であり，今後ますます重要性を増すであろう．

ガスハイドレートは，水分子がつくるかご状の格子の中にガス分子が取り込まれた構造をした固体結晶であり，取り込まれたガス分子がメタンの場合に，メタンハイドレートとよばれる．ガスハイドレートの構造は，ガス分子の種類によって，3つの形式をとることが知られている．図2.11のように水分子で構成する3

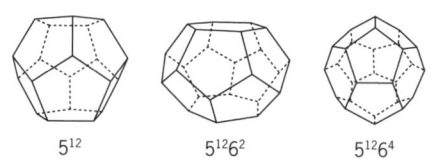

5^{12} $5^{12}6^2$ $5^{12}6^4$

図2.11 ガスハイドレートの構造（松本ほか，1994；成田，2001）

種類の格子（5角12面体：5^{12}型，5角12面6角2面体：$5^{12}6^2$型，5角12面6角4面：$5^{12}6^4$型）のうち，2種類の多面体の組み合わせでⅠ型とⅡ型の2種類の結晶構造を構成している．Ⅰ型の単位格子は，2個の5^{12}型と6個の$5^{12}6^2$型からなる立方晶であり，Ⅱ型の単位格子は16個の5^{12}型と8個の$5^{12}6^4$型からなる立方晶である．メタンハイドレートでは，1 m^{3}の結晶中に理論値で160 m^{3}のメタンが固定されている．メタンハイドレートが安定に存在するためには，水とメタンの存在に加えて，温度が低く圧力が高いことが必要である．温度と圧力の条件については，0℃であれば26気圧以上，10℃であれば76気圧以上が必要となっている．メタンハイドレートの存在条件をみたす場所としては，シベリア，アラスカなどの高緯度地域の堆積層や深海底の堆積物の中が考えられる．地中では地温の影響があるため，海洋のメタンハイドレートについては地温上昇の割合を1 kmにつき55℃であるとすると，水深1000 mでは海底下225 mまで，水深2000 mでは海底下315 mまでメタンハイドレートが存在する条件をみたしている．

日本におけるメタンハイドレートの資源量については，過去いくつかの試算が行われている．メタンハイドレートの分布面積を基に層厚，堆積物中の孔隙率，孔隙率中ハイドレート飽和率，メタン充填率を仮定して求めた日本周辺海域のメタンハイドレートの資源量は約4兆〜20兆 m^{3}と試算されており，このうち80〜90％以上が南海トラフおよび九州東方海域にあると報告されている（佐藤ほか，1996）．これは，日本で年間に消費される天然ガスの50〜250倍の量である．早期の開発利用に向けて国家プロジェクトであるMH 21が進行中である．開発については，大水深の海洋石油の開発のために開発された，浮遊式生産施設，掘削・作井技術の体系が利用できる．海洋石油開発の技術は大水深化に向けて急速に進歩しており，海底の掘削については1990年代に水深2000 mに到達し，現在では水深3000 m域まで達している．生産システムについても2000年代に水深2000 mに到達している．

2.3.3 再生可能エネルギー

2007年6月に開催された主要国首脳会議（ハイリゲンダム・サミット）では「2050年までの温暖化ガス半減」で一致し，議長総括で温暖化ガス削減に向けた各国の協調が訴えられた．目標達成のためには，CO_2を排出しないエネルギー源の大規模な開発が必要となる．最近の原油価格の高騰によって，再生可能エネル

ギーの相対的な経済性は向上しており，欧米においては，風力発電，潮流発電，波浪発電に関する研究が活発化しており，実証試験，事業化と着実に進んでいる．国土面積の小さいわが国おいては，再生可能エネルギーの本格的利用は，風，波，海流・潮流，温度差などの海洋の再生可能エネルギーの利用を意味している．

わが国における再生可能エネルギーの開発については，2006年に新エネルギー・産業技術総合開発機構（NEDO）において策定された風力発電システムの導入促進に関する提言で，2030年に陸上と洋上を合わせて発電設備容量2000万kWとされている．これでも電力需要に占める風力の割合は3.4%程度である．一方で，わが国沿岸海域の開発の可能性の高い海洋再生可能エネルギーの資源量は表2.4と評価されており，さらなる導入が可能と考えられる．

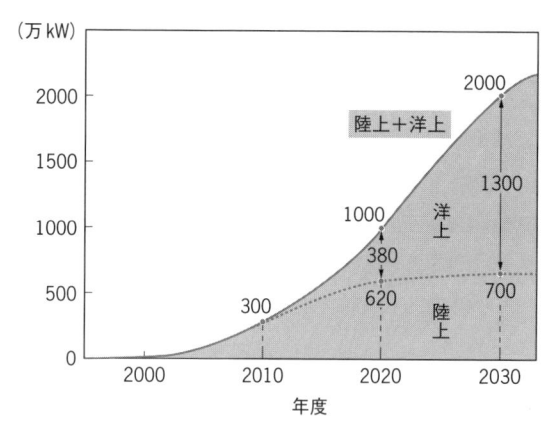

図2.12 NEDOによる風力発電ロードマップ（新エネルギー・産業技術総合開発機構風力発電システムの導入促進に関する提言）

表2.4 わが国周辺海域における海洋再生可能エネルギーの資源量（海洋エネルギー利用に関する国際シンポジウム 2010）

エネルギー源	原始資源量（MW）	備考
風	570000	岸から40 km以内
波	35000	
海流	20000	
潮流	8000	主要海峡

2.3 海洋産業の新しい展開と環境　　31

　事業性については，浮体式洋上風車による風力発電を例にみてみると，陸上風車の設置のための工事コストに比べて，浮体式風車をドックなどで効率よく製作して，設置海域に曳航して設置するコストは同等であることが明らかになってきており，洋上の風条件が陸上に比べてよいことを考慮すると，事業性は十分に確保できるものと考えられる．一方で，導入を促進するためには，国の長期的なエネルギー戦略に基づく育成が必要である．再生可能エネルギーの導入を義務づけるRPS法（電気事業者による新エネルギー等の利用に関する特別措置法）の導入，太陽光発電について行われているように設備導入に対する補助，発電された電力の買取価格を高く設定するなどが考えられる．化石燃料の利用に炭素税を課して利用を抑制するとともに，税を再生可能エネルギーの利用促進，研究に活用することも考えられる．

a. 洋上風力

　わが国の洋上風力エネルギーについては，陸上への送電と設置水深の観点から，経済的に成立すると期待される離岸距離 40 km の範囲にしぼった見積もりでも，エネルギー賦存量は 1500 TWh/年と推定されている．この値は，現在のわが国の総発電量 945 TWh/年を上回る．また，九十九里沖の海域で離岸距離 40 km，浮体設置が容易な水深 20～200 m の海域に関してより詳細に風況予測を行い，漁業や航路などにあたる部分を除いて評価した例では年間 94 TWh との

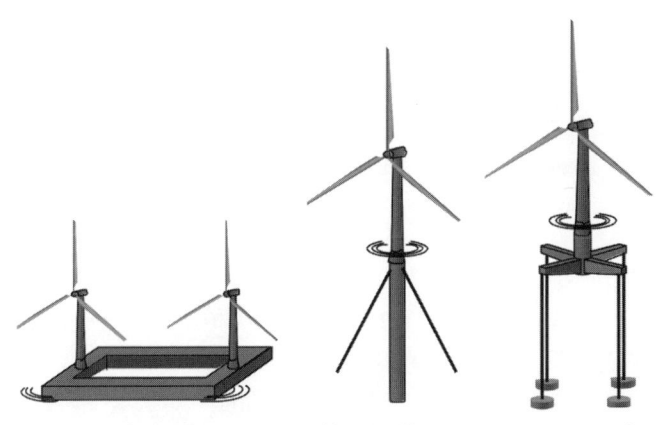

図 2.13　浮体式風車のコンセプト（左より，格子型，スパー型，TLP型）

32　　　　　　　　　　　　　2．海洋産業と環境

答えが得られている．この値は東京電力の年間発電量の1/3となる．浮体式洋上風車については，近年集中的に検討が行われ，動揺の少ない浮体の開発については目途が立っている．

b. 潮流・海流

海洋エネルギーの短所として供給の安定性の問題がある．風力発電，波浪発電，太陽光発電では，季節変動，日変動などが大きく，発電量の予測が難しいことがあげられる．これに対して，設置場所にもよるが，海流発電は一般的に変動は少なく，エネルギー資源量も大きい．一方，潮流発電については変動があるものの予測は可能であり，供給安定性の観点から欠点の少ない海洋再生可能エネルギーである．潮流については，瀬戸内海周辺や津軽海峡など日本周辺の海峡において流速の速い，エネルギー密度が高い流速域がある．これらについても過去研究が行われ，小規模な実験プラントが設置され，基礎研究，技術開発の段階は済んでいる．

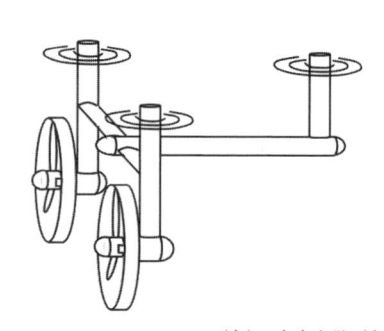

図2.14　海流・潮流発電のコンセプト（出典：Marine Current Turbines（左），東京大学（右））

c. 波　力

波浪発電については，最近ヨーロッパにおいて積極的に開発が進められている．発電方式としては，波による水の上下動，左右動を可動浮体の運動に変換し，最終的に機械エネルギーとして取り出して発電する方式，水面の上下動を空気の流れに変換して空気タービンにより発電する形式，波のエネルギーを海水の

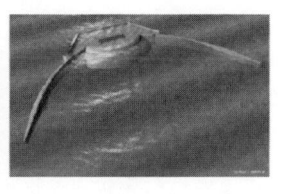

図 2.15 波浪発電のコンセプト（左から，マイティーホエール（空気タービン型），
Pelamis（機械式），Wave Dragon（水タービン型））
（出典：JAMSTEC（左），Ocean Power Delivery Ltd.（中央），Wave
Dragon ApS（右））

位置エネルギーに変換し，落下する海水の流れを用いてタービンにより発電する方式があるが，いずれの方式についても基本的な技術は開発が済んでおり，欧米においては「実験から商業技術へ」が合言葉となって開発が進められている．

d. 海洋温度差

温度差発電は，海洋表面の比較的高い水温と海中の低い水温の温度差を用いて，熱機関を駆動して発電するものである．高温熱源と低温熱源の温度差が小さいため，熱機関としての効率は低いものの，資源量が膨大であるため，大規模な導入に際して，環境影響が問題なければ，実現は十分可能である．

e. バイオマス

カーボンニュートラルである植物燃料の実用化が急速に進展している．しかし，農作物の高騰，森林伐採による環境破壊など，燃料植物転換による問題も浮上しつつある．食糧生産に影響を及ぼすことなく，植物燃料を効率的に生産する方式として，農地を洋上に求め，陸上で回収した CO_2 を用いて，CO_2 の濃度の高い環境下で光合成を活発化させるバイオエネルギー生産が考えられている．例えば，イネは二酸化炭素濃度が 200 ppm 高くなると収穫量が 15% 増える（施肥効果）．そこで，サトウキビ（イネ科）に二酸化炭素を吸収させ，エタノールなどの燃料を生産することが考えられる．高温・多湿で広大な土地を確保するため，紀伊・四国・九州・沖縄などの近海に大規模な浮体をつくることが考えられる．

f. 新海洋食糧資源生産システム

動物性タンパク質供給という観点から，太古の昔から現在まで，漁業は人類に

とって不可欠の海洋産業であった．しかし，近年の人口の爆発，漁具漁法の改良により，特に有用魚種については乱獲による資源量の減少が指摘されている．2006年11月の科学誌 Science にカナダ，アメリカ，イギリス，スウェーデンの第一線研究者により発表された検討結果によれば，このまま世界が現状の漁業活動を続けていった場合，今世紀半ばには世界の漁獲量が過去最大の漁獲量の10％まで落ち込み，漁業は産業として崩壊するというシミュレーション結果が報告され，世界的に大きな波紋を起こした．

広大な海を舞台とする漁業は農業のように灌漑・施肥などの人為的制御が難しく，養殖という生産方法も開発されているが，基本的に収奪的な産業である．今後漁業の持続的な発展を図るためには，乱獲の防止とともに，人工飼育した成魚から卵を採り孵化，成長させた後，さらに採卵し次世代へ継続するというサイクルを完成させる完全養殖が求められる．

さらに，海洋での魚の資源量を人工的に増やすという，新しい技術開発が必要である．海での魚類生産量は，食物連鎖の最も低位にある海洋の一次生産量（植物プランクトンの量）で決まる．そしてこの一次生産量は，光合成によってもたらされるものであり，窒素・リンなどの無機栄養塩が太陽光の届く表層海面にどれだけ存在するかにかかっている．

海洋の大部分は表層に暖かく密度が低い海水があり，低層に冷たく密度が高い海水があるという成層した状態であり，上下の混合が起こらない．このため，表層では栄養塩が光合成により消費され貧栄養状態となっている一方で，水深が深くなると太陽光が届かず光合成による栄養塩の消費もなく，沈降する有機物が栄養塩として蓄積されている．特に水深200m以下の海水は海洋深層水とよばれ，栄養塩の濃度が高い．海洋は「表層が貧栄養で深層が富栄養」という非常に重要な性質があり，深層水を有光層に汲み上げ移動させることができれば，海洋が肥沃化し一次生産力を増大させることが可能である．自然界において深層水が有光層に持ち上がる湧昇流海域は豊かな漁場となっている．

湧昇流を人工的に作り出し，海域を肥沃化して豊かな漁場を作り出すことは，長年の水産学・海洋学の夢であり，過去，富山湾の「豊洋」(1989～1991年)，相模湾での「拓海」(2003～2008年)の試みが行われている．多量の深層水汲み上げと有光層への滞留方法，海洋の厳しい海気象条件への耐候性など，技術的課題は多いが，拓海の5年間の実海域実験から，今後の人工的海洋肥沃化を大規模に

2.3 海洋産業の新しい展開と環境　　35

図 2.16　相模湾での拓海の実験

展開するための貴重なデータが得られている．

g. CO_2 回収・貯留（CCS）

CO_2 をはじめとする温室効果ガスの大気中濃度上昇により，地球規模で気候変動や雪氷の融解，海面水位上昇，海水酸性化などが進行し，早急な対策，特に CO_2 排出量の速やかな大幅削減が必要であるとの認識が広く共有されるようになってきた．一方で，エネルギー価格は上昇基調であり，脱化石燃料の困難さを如実に示している．最近 CCS の略称で通用しはじめた CO_2 回収・貯留（Carbon dioxide Capture and Storage）は，大規模排出源で CO_2 を回収し，地中あるいは海洋に注入して大気から長期間隔離する温暖化対策技術である．エネルギーの大半を化石燃料消費に依存する現状から低炭素型社会へ移行できるようになるまでの期間，化石燃料を使用しながら大気への CO_2 排出を抑制するための「つなぎの技術」として国際的な期待が高まっている．

CO_2 の地中貯留技術はすでに実用化され，表 2.5 に示すような商業プロジェクトが実施されている．実績として最も多いのは，天然ガス随伴 CO_2 を分離回収してガス田近くの帯水層に押し込んで貯留するもので，天然ガス中の CO_2 濃度を下げることで商業化できる点や天然ガス生産のためのインフラを共用できる点において，経済的な合理性が得られるという特徴がある．他の実績としては，合成燃料プラントにおける石炭ガス化プロセスで発生する CO_2 を 320 km 離れた油田にパイプラインで輸送して圧入し，石油増進回収（Enhanced Oil Recovery；EOR）を行うものである．EOR では CO_2 が石油生産に有効利用されるので一石二鳥となる．今後は，石油価格が高水準で推移するであろうことや，CO_2 排出量

表2.5　CO_2地中貯留の実プロジェクト例

	ノルウェー Sleipner	カナダ Weyburn	アルジェリア In Salah	ノルウェー Snohvit	オーストラリア Gorgon
実施主体	Statoil	PTRC	BP 他	Statoil	Chevron 他
場所	帯水層 海域	油層 陸域	帯水層 陸域	帯水層 海域	帯水層 陸域/海域
開始時期	1996/10	2000/9	2004/7	2008/4	2009
注入量	100万t/年	100万t/年	120万t/年	70万t/年	500万t/年
主な目的	天然ガス随伴 CO_2の貯留	石炭ガス化炉 発生CO_2利用 EOR	天然ガス随伴 CO_2の貯留	天然ガス随伴 CO_2の貯留	天然ガス随伴 CO_2の貯留

削減への圧力が増すことを勘案すると，火力発電所などの排出源で回収したCO_2を生産量が低下した油田へ輸送し，EORで「一石二鳥」を狙うプロジェクトが増えてくるとみられる．また，CO_2排出に対するペナルティがかなり大きくなったり，排出権取引価格が高騰すれば，回収したCO_2を単に地中貯留するプロジェクトも実現しはじめる可能性がある．

　国際エネルギー機関IEAが2008年に出したEnergy Technology Perspective (ETP 2008) には，経済発展と両立させつつ2050年に世界のCO_2排出量を半減させるシナリオBlue Mapの中で，CCSによるCO_2削減が2030年段階で25億t，2050年段階で100億tに急伸長するロードマップが示されている (2008年実績700万t/年)．これらを受けて2008年の洞爺湖サミット首脳宣言は「2010年までに世界的に20の大規模実証プロジェクトが開始されることを強く支持」した．わが国においても洞爺湖サミット後に打ち出された福田ビジョン「2050年までに国内で排出される温室効果ガスを60～80％削減するために，CCSの大規模実証試験を2010年に開始」を受け，電力会社・石油天然ガス開発会社などの共同出資で設立された日本CCS調査（株）が「大規模実証試験の事業可能性調査」を経済産業省から受託し，回収から輸送・貯留・モニタリングまでの一貫したCCS技術の検証を準備中である．

　CCS実証実験が世界各地で開始されるなか，いくつかのプロジェクトは近隣住民による反対運動を受け，米国オハイオ州Greenvilleやオランダ Barendrechtなどで中止，あるいは中止の可能性のある事態になっている（いずれも陸域CCS）．わが国でCCS事業を行う場合，海域での地中貯留になると考えられる

が，水産業や海上交通などの活動が沿岸水域を網羅しており，地域社会の受容性は重要課題にならざるをえない．

さて一方，適当な地下貯留候補地に恵まれない国や地域では，深海の膨大なCO_2隔離ポテンシャルの利用も魅力的である．大気中CO_2濃度の平均値は，産業革命前に 280 ppm でおおむね安定していたものが，2008 年には 385 ppm となり，現在も年 2.0 ppm の割合で上昇しつづけている．人類が化石燃料使用などによって大気中に放出してきたCO_2は，大気中増量分の 2 倍近くであると見積もられており，その差の大半は自然のプロセスで海洋に吸収されたと推定されている．放出されたCO_2がすべて大気に蓄積される場合に比べると，大気中CO_2濃度の上昇は海洋によって緩和されているといえる．大気-海洋系の平衡状態を考えると，海洋の吸収能力はもっと高いはずであるが，そうなっていないのは，海洋の表層と深層の間で海水混合が遅く，海が大気の変化に追随できていないためと考えられている．つまり，海洋は絶えず更新される平衡状態を追って，大気中のCO_2を吸収していることになる．

この深海のCO_2吸収能力を利用して大気中のCO_2濃度上昇を抑制しようという概念がCO_2海洋隔離である．化石燃料使用後の排ガスからCO_2を分離回収し，大気と海の表層をバイパスさせて温度躍層（thermocline）の下の中・深層へ送り

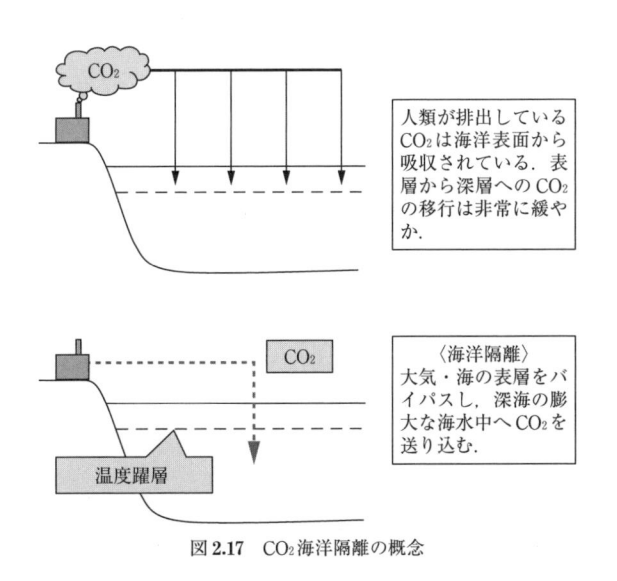

図 2.17 CO_2海洋隔離の概念

込むことにより，大気と海洋の間で行われている自然の CO_2 吸収プロセスの一部を速めるものであるといえる（図2.17）．CO_2 が追加された場合の中・深層海域における環境影響評価研究の進展が不可欠であるものの，海洋には地中貯留可能量をはるかにしのぐ隔離能力があると考えられている（Carbon dioxide Capture and Storage, 2005）．

［鈴木英之］

3 海洋の環境保全・対策・適応技術開発

本章では，海洋フロンティアの開発にあたっての環境保全の考え方，あるいは環境創成のあり方について論じた後，海洋開発の例として二酸化炭素（CO_2）海洋隔離法を取り上げ，この技術について概説し，さらに CO_2 海洋隔離法に包括的環境影響指標の一例である Triple I を適用した計算例を紹介する．

3.1 環境の世紀を海洋から切り拓く—海洋フロンティアでの環境創成

3.1.1 開発と保全

海洋資源の利用による，わが国の食糧，資源・エネルギーの供給基盤の強化，わが国の基盤を支える沿岸域の防災や海上輸送の安全確保などに資するための海洋観測強化など，地球環境理解による安全・安心の確保，持続的な開発を進めるための環境との共生，海の再生・創造，環境負荷の少ない効率的かつ安全な海洋活動の環境調和などを謳って，2007（平成 19）年に海洋基本法が制定された．筆者の所属する海洋技術環境学専攻も，海洋基本法の肝入りで 2008（平成 20）年につくられたといっても過言ではない．この専攻は，海洋産業の創出と海洋環境の創成を教育と研究の二枚看板としており，特に海洋新産業創出の早期化と，そのために創出の担い手としての官民の役割につき，これまで社会に対し強く意思表示をしてきた．しかしその一方，新産業創出が具体的な開発事例になればなるほど，環境保全はややもすれば継子扱いされる感がある．意外かと思われるかもしれないが，産業化の早期化にとって環境配慮は足手まといであるという感覚が根強くあることは実は否めない．聞いた話では，ある事業の環境影響評価の研究をする方が，その事業化を実際に考えている企業の方から「余計なことはするな」という「表敬」訪問を受けたこともあるそうだ．またある学会で，「海で人

間が何かすれば多少の環境改変は必須である」ということを前提とした環境影響評価指標について議論していたところ，かつて官で開発担当をされていた方が，「環境影響はあるといってはいけないんだ．評価書には『影響はない』と書かねば開発に着手できない」とおっしゃっていた．今の環境影響評価法（アセス法）上では多分にそのとおりなのであろう．

それでは，環境は本当に開発の足枷なのであろうか．本節では，「そうではない」という話をしてみたいと思う．

3.1.2 海洋環境の創成

内海性浅海域では，陸域からの負荷の増大とともに，埋立や干拓による干潟や浅場の減少に伴い自然の浄化能力が低下してきたことから，赤潮のような単一種の異常発生や底層の貧酸素化，硫化物を含む無酸素水塊の湧昇で生じる青潮などが，沿岸生態系に壊滅的な打撃を与えている．また，外海域や中深海においても，大気中のCO_2濃度の上昇による表層酸性化と，それに伴う中深海への沈降有機物の減少による生態系の変化などが危惧されている．このように，現状のままでは生態系の維持・生態系サービスの持続的利用が困難になるとの危機感が高まっている．

一方，環境改変の可能性をもつ海底油田やメタンハイドレートなどのエネルギー資源開発，熱水鉱床などのレアメタルや他の金属鉱物資源開発，CO_2分離回収・貯留（carbon capture and storage；CCS），海洋エネルギー開発，海洋深層水の総合的利用，鉄や栄養塩散布による海洋滋養（一次生産増大に伴う漁場形成），海洋の再生可能エネルギー開発，大型浮体の設置などの海洋の大規模利用の普及は，わが国の国力維持と世界的な環境保全のため重要な技術課題と位置づけられている．

このようななか，上記のような，人類の持続的発展に多大な寄与を及ぼす海洋の大規模利用を普及させるためには，環境保全と開発を二元論としてとらえるのではなく，海洋生態系を含む海洋環境保全と開発に伴う環境改変を新たな環境創成として考え，包括的な海洋環境保全・再生・管理手法の構築により，計画時から環境調和型の開発を行うことが必要となる．すなわち，海洋環境保全のみならず，「利用し，利用され，環境と調和しながら共存する海洋」を「創成」することとなる．このような環境創成を意図した包括的な海洋環境保全・再生・管理手

法とは，上記のような新たな技術開発とその産業化に関して，開発と両立し，さらに開発を促進するための，科学的かつ合理的な戦略的環境保全・管理手法といえる．

3.1.3 海洋フロンティア

　沖合および深海はさまざまな資源が保有されている人類のフロンティアであり，その開発は人類の持続的発展に不可欠なものである．陸域や沿岸域においては，湿地保全のための「ワイズユース」や「沿岸域統合管理」，「里山・里海」といった方法論が提示されている（日本沿岸域学会, 2000）が，フロンティア海域には未知の生物がいる可能性が高く，さらにそれらの生息と人間活動との関連は未解明といっても過言ではない．フロンティア海域における持続可能な開発に資する環境保全の手法は未着手の状態といえる．

　フロンティア海域の環境リスクは事前に把握できない．深海や遠洋は人間の生産・消費活動と直接結び付いていることは少なく，短期的には人間社会への影響としては小さいかもしれない．しかし，環境に配慮しない開発を実施すれば，究極的には生態系への影響，あるいは生物多様性への影響は免れず，持続可能とはいえない．このように考えると，事業推進のYES/NOを決定するものは，従来型の「環境影響は軽微である」と結論づけなければ開発に着手できない「環境アセスメント」ではないはずである．

　未知なるものを改変することの影響も未知であるとき，社会ニーズである技術開発の実施の可否は社会が判断すべきである．したがって，保全・再生・管理手法構築の目標は「社会的合意形成」となる．わが国が開発した技術が，環境との共存を図りつつ開発を推進するということで社会的合意を得ることができれば，世界に類のない先端的環境調和型システムの創成が可能となり，わが国の技術の国際競争力を強化し，国際競争に勝てる技術となる．このことは，ひいてはわが国の国際的信用を高め，例えば，さまざまな国際協議の場において，わが国を支持する一票に結び付く可能性もある．

　開発技術がすばらしいものであっても，それを生かす政策や制度がなければ「環境の世紀」にはなりえない．したがって，リスクコミュニケーションを実施し，これによって意思決定をする新しい制度が必要であると考えられる．具体的には，海外企業の進出が現実化している熱水鉱床開発のような，今まさに競争に

さらされる分野においては、「鉱山保安法」、「海洋汚染防止法」、「環境アセス法」などの既存の国内法を参照するのではなく、順応的管理（adaptive management）手法（Holling, 1978；Walters, 1986；勝川, 2005；古川ほか, 2005）を基軸とした暫定措置法の立法化が急務である．そのためには、環境を構成するミクロからマクロまでの海洋生態系と、多様な環境因子とのシステム共生を保全・創成することが肝要であり、海洋環境保全・創成として、変化・質・システムの科学的・技術的高度化を目指すことが重要となる．

3.1.4 順応的管理

順応的管理とは、必要不可欠なモニタリングを実施し、そこで得られた情報を一般社会に公開し、利害関係者（ステークホルダー）とのリスクコミュニケーションを実施して、合意形成・意思決定し、その実施結果を再度モニタリング・情報公開・リスクコミュニケーション・合意形成することをループにして繰り返す管理手法である．すなわち、未知なる環境からのレスポンスを確実に把握しながら、社会が意思決定をしていくという、いわば「learning by doing」の実践を意味する（図3.1）．

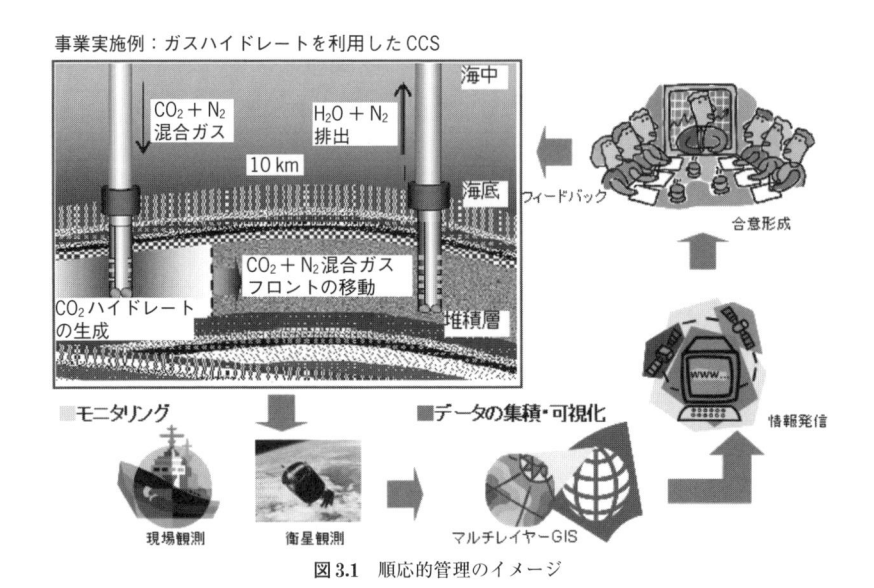

図3.1 順応的管理のイメージ

このとき考えなくてはならないのが，生物多様性と生態系機能の保全である．生物多様性の減少は，長期的にみると生態系の安定性低下につながると考えられる．限られた海域で，ある生態系機能を最大化するとき，多くの場合，生物多様性の維持との両立は困難である．そこで，個々の局所個体群より上位のメタ個体群・メタ群集で管理を行うといったように，管理を行う空間スケールを拡大して両立を図るという考え方がある．浅海域においては，幼生の移動などの局所個体群の連携を考慮し，各海域を目的によって使い分け，上位の空間スケールで管理する．深海においては，より多段な海水層において機能と多様性を確保するということになる．

このような海洋環境の保全・創成を達成するには，まずモニタリング調査による現状と開発による環境変化の把握を基盤とした環境影響評価技術が必要になる．例えばバイオセンサー，化学・生物成分の現場型の自動試料採取・計測システム機器，モニタリングに関する国内外のネットワーク化の拠点確立などを拡充・強化することが緊急の課題である．モニタリングには，開発事業や自然再生事業の監視と，特定事業に関係なく広く汎用性の高いデータを記録・蓄積するものがある．いずれの場合もデータベースの構築は重要となる．

次にこれらの情報を広く社会に公開し，その上で合意形成を図り，意思決定することが肝要になる．そこには，陸域・大気・海洋の区別なく地球規模での環境へのインパクトを包括的に評価するため，政策決定者や一般市民にわかりやすい指標の開発も必要となる．

また流出油や化学物質の汚染などには，対策技術開発が必要である．海洋の開発に伴う環境改変を最小限に抑えるための技術開発も重要となる．予想されるハザードの因果関係を示すハザードマップを作成し，環境リスクを定量化するために必要なデータを計測・収集する．またリスクの高いハザードに関して，ハザードマップに示される因果関係を効率的に断絶することが効率的な対策技術となりうる．さらに，対策技術が新たな環境変化を生み出すことも考えられるため，またモニタリングに戻って，環境影響評価から始める必要性が生まれる．

このように，モニタリング・情報公開による合意形成・対策技術といった一連のループを常に回し続けることによって順応的管理を行うことが，海洋環境の保全・創成の基本的な考え方となる．

3.1.5 研究開発課題例

a. 環境影響評価技術

順応的管理の促進のためには，生態系のもつ環境への適応能力の評価，環境と生態系の安全性の評価手法，環境と生態系の撹乱が最小に抑制できるエコ技術の開発なども重要な調査研究開発の課題である．この課題の検討には現場の環境と生態系の相互関係を的確に評価できるマクロからミクロまでのマクロ・メソコスムの実験装置の開発と運用が重要な課題となる．またどのような生態系の構築が環境変動に対して対応できるのか，あるいは食糧生産につながるのかも重要な検討課題となろう．以下にそのための具体的な開発技術例をあげる．

環境変動に伴う海洋生態系の応答実験（外海域環境影響評価システムの開発）

環境傾度を考慮した海洋生態系を実験的に再現することは，地球温暖化に代表される地球環境変動に伴う海洋生物の応答予測をするうえで不可欠であり，この結果に基づいた環境改変を人為的に行うことによって，消滅するおそれのある生態系の維持を図ることが可能となる．また，人工湧昇や栄養塩添加による海洋滋養は一次生産を活性化させ，持続的な水産資源供給と大気中 CO_2 吸収が期待できる．CO_2 の海洋隔離および海底下地中貯留は，増加の止まらないエネルギー需要を賄いつつ，排出された CO_2 を削減する技術として注目されている．これらの技術は多大なベネフィットをもつ反面，海洋生態系改変のリスクを伴う．そこで，マクロコスム（沖合に設置した直径 500 m，深さ 500 m の生態系シミュレータ）による現場実験により高精度フラックス測定を行い，開発段階から環境リスクを洗い出し，順応的管理を実施することで，世界に類のない先端的環境調和型システムを創成する．

包括的環境影響評価指標の開発

地球環境に対する包括的な環境影響評価指標として，人間経済活動による資源やエネルギーの利用，廃棄物の処理などに必要な生態系の生産（処理）能力を生産性のある土地面積に換算した指標である「エコロジカル・フットプリント」や，広域的・長期的環境影響問題に対して，経済面に加え，人体や生態系への現在および将来のリスク評価を行い，リスク・ベネフィット原則により意思（政策）決定を管理する「環境リスク」などがある．ここでは，これらを統合した指標を提案し，さまざまな海洋利用技術に対する評価を行い，基準単位あたりの地

球への負荷を従来の陸域での生産活動や何もしなかった場合と比較することによって，より地球環境へのインパクトが少ない生産活動を選定する手法を確立する．

b. 低ストレス海洋開発技術

2009年に当時の首相であった鳩山由紀夫氏が，わが国の CO_2 排出量を2020年までに1990年対比25%削減すると国連にて演説した．早速産業界からコメントが出され，「無理な削減は国民の負担増となる」ことの指摘が繰り返された．しかし，環境対策は，オバマ米大統領がグリーン・ニューディールと命名するまでもなく，過去において経済活性化やわが国の国際競争力の強化を牽引している．例えば70〜80年代の自動車排ガス規制では，わが国は世界に先んじて高度な規制を義務づけ，これが低燃費かつ高品質な日本車の世界市場席巻に結びついた．当時の通産官僚，自動車業界の指導者の高い見識のゆえであろう．このような環境規制の強化が企業のイノベーションを促すという説はポーター仮説 (Porter, 1995) とよばれる．2009年に米国サブプライムローンの破綻に端を発する経済危機で，GMは破産したが，ハイブリッドカーをつくってきたトヨタ，ホンダは生き残った．このように，環境へのストレスが小さい技術の開発は，国際競争力の向上に大きく貢献する．温暖化対策が大きな経済活性化につながるという話はスターン・レビュー (Stern, 2007) が指摘するところである．海洋でもこのようなグリーン・グロース（環境産業が経済発展を推進）を期待すべきであるし，その前に，開発と環境保全が一体のものである以上，調和型環境創成こそが海洋産業を成功へ導く基盤であることをしっかり認識すべきである．

国際競争力に大きく貢献するであろう，海洋開発技術の低環境ストレス化のニーズを以下に列挙してみる．

熱水鉱床

マグマが噴出しているような active な鉱床は，化学合成生態系の保全という意味というより，温度的に開発対象とはならず，dead 鉱床が対象となる．このとき環境リスクは，再懸濁・再堆積による土砂の被覆による生態系の消失・変化である．したがって，これを最小限にとどめつつ採掘する技術開発が必要となる．

メタンハイドレート

大地震などで断層が生じても，圧力と温度が変化しない限り漏洩の可能性は基本的にない．ありうる環境リスクは採掘による地層の沈下・崩壊であり，これを未然に防ぐ技術が必要となる．

CO_2 海域地中貯留

環境リスクは，事故，大地震によってできる断層，あるいは廃坑井を経由した CO_2 の海中への漏洩である．これを未然に防ぐ技術開発と同時に，恒久的モニタリング技術が必要となる．

CO_2 海洋隔離

海洋の海流，潮流やそれに伴う乱流が CO_2 を拡散するため，海域地中隔離がリスクを将来に持ち越すのに対し，海洋隔離の環境リスクは放出点直後の放出点近傍の海水の酸性化である．生物実験による無影響濃度の算定と，希釈技術，モニタリング技術が必要となる．

c. 環境産業創成に結実するであろうその他の技術

「海を知る」ためのモニタリング技術・情報技術として，AUV，ROV，ブイ，衛星利用，海底設置型測器や，長時間ホバリング機能と高い移動性の両者を有する飛行船の活用を含む要素技術開発および，これらを使って上空や海中のさまざまな局所海上モニタリング機器や情報通信システムを含めた高度情報化設備を用いた3D高精度マルチスケール情報化技術は，新たな産業を創出する有力候補である．生態系の多角的・多面的利用として，食糧生産，海洋バイオマスエネルギーの利用も早くから叫ばれてきた．生物多様性の持続を可能とする技術も必要となり，例えば，保護区管理，key species 培養技術，ゲノム調査から海洋遺伝子バンク産業の創出や，将来的には遺伝子からの生物再生技術の開発も期待したい．

以下に，想定される必要な研究開発プロジェクト例を列挙する．

沿岸域環境再生（レメディエーション）技術開発

生物多様性国家戦略，自然再生法の制定にみられるように，生態系の保全・修復・再生は国家的な取り組みをすべき事項とされている．また，東京湾，大阪湾，伊勢湾などでは「再生計画」が立ち上がり，陸域からの負荷対策や海域の環境修復も含めたプランが提示されている．技術的にもさまざまな海域環境修復技

術の実証実験が行われている．しかし，現実には沿岸海域の修復・再生が積極的に事業として推進されている例は少ない．一因として，コストや合意形成の難しさがあげられる．近年提唱されている「里海」の概念のように，沿岸域を適切に管理することによって海の恵みを享受するための技術開発が望まれる．また，底泥の有機スズ汚染やバラスト水による生態系撹乱などへの対応や，潜在汚染経路の早期発見にかかわる技術開発も重要な課題である．バイオレメディエーションやキャビテーション利用などの有害物質除去技術が提案されているが，低濃度・広範囲の汚染にどう対処するべきかというリスク管理技術も含めた低コストで効率のよい有害物質の除去技術の開発も重要な課題である．具体的な開発技術課題として，多面的・包括的な沿岸域環境の評価技術，順応的管理に適した低コストな修復技術，モデリングと連動した新しいモニタリング技術，陸域と海域のバランスを考えた栄養塩サイクルの最適化，有害物質除去技術の高効率化と実用化があげられる．

海産バイオマス利用による循環型沿岸環境再生

沿岸域の環境修復技術として，人工干潟や人工磯などの浅場の造成がある．過栄養状態の海域に浅場を造成すると，アオサなどの緑藻類や，アサリやムラサキイガイなどの二枚貝類が大量に発生する可能性が大きく，それらが枯死・死亡すれば，結局は有機堆積物の原因となり，せっかく創出した生態系に悪影響を及ぼすことになる．ここでは，枯死・死亡する前にバイオマス資源として回収し，燃料や肥料などとして有効利用を行うシステムの開発を行う．これらの生物が爆発的な繁殖力をもつということは，海中に存在する炭素，窒素，リンを効率的に体内に固定しているということであり，赤潮や青潮の根本的な原因となっている過栄養化を効率的に抑制することが可能となる．また，人間活動によって陸域から排出された炭素・窒素・リンを再利用すると考えれば，循環型システムととらえることもできる．

海洋機能遺伝子の統合情報解析

生態的特徴の異なる海域を複数選定し，原核生物から魚に至るまでのさまざまな海洋生物を同時に採取する．個々の生物群について10程度の異なる機能遺伝子の存在と多様性を網羅的に調べる．これによって機能遺伝子群の海洋での分布様式と多様性を明らかにする．このデータと個々の遺伝子の進化情報，ならびに環境情報とを統合することにより，生物の環境応答機能の進化と分散メカニズム

を解明する．従来，生物多様性は種の多様性と同義語であったが，このアプローチによって特定機能遺伝子の有無と組み合わせが進化を決めるという新しいパラダイムを作り上げる．

油汚染対策技術開発

タンカーの座礁・衝突などの海難事故による油流出は周辺沿岸海域の環境に多大な影響を及ぼす．海上事故だけでなく，第二次大戦中に沈没した船舶からの貨物油・燃料油の流出について，日本近海の沈船はこれまでに1200隻をこえており，その多くが終戦以前に沈んだものである．沈船からの油回収作業は費用がかかり，危険性も高い．作業の策定段階で流出油および防除作業による環境への影響を総合的に評価し，合理的に判断することが求められる．海上に流出した油の防除作業には，機械的回収と化学的処理（油処理剤散布）がある．流出後1～2日間の初期段階では処理剤散布が有効である．しかし，処理剤には対生物毒性をもつ界面活性剤が含まれ，散布後の生態系・水産資源などへの影響評価がなされていないため，沿岸住民の同意を得られず，沿岸環境・海洋資源への被害を拡大するケースもある．流出油回収技術システムのみならず，油処理剤が水産業および生態系におよぼす影響を評価する手法の構築が必要となる．具体的な開発技術課題として，漁業被害予測モデル，生態系回復モデル，流出油防除作業意思決定支援ツール，沈船の情報管理と潜在的危険性予測，沈船データベースとハザードマップ策定，沈船からの油流出予測技術開発がある．

モニタリング技術の高度化

●生物運動型潜水機の研究開発と利用

●静音かつ底泥などの巻上げのない魚型水中ロボットを開発し，海洋調査（環境センサー搭載，定点測定可能），海洋生物調査（希少魚種の生態調査，ワイヤレス映像伝送），海底調査（ヘドロ巻き上げがなく視界良好）を実施．

●有害藻類検出用ナノロボットの開発

●数千～数百 μm 程度のロボットを設計・開発し，このナノロボットを大量にネットワークで結び，秩序正しく通信させ，大量のサンプルから赤潮などの有害藻類や微生物を同時に遠隔にて検出・特定する．

深海微生物探索技術開発

●深海微生物には，新薬や栄養補給剤となるタンパク質，重油や水素の生産などさまざまな用途がある．深海微生物を網羅的に調査し，新規有用物質の探索を

行うとともに，その生産技術を開発する．対象海域は，深海底の堆積層−海水境界領域，熱水地帯の海底面直上域，メタン湧水プルームなど．
● 衛星・飛行船・AUV を用いた 3D 高精度マルチスケール情報化利用
● 衛星・AUV・長時間ホバリング機能と，高い移動性の両者を有する飛行船を活用し，上空からや海中のさまざまな局所海上モニタリング機器や情報通信システムを含めた高度情報化設備を用い，油などの汚染物質の監視や，中和剤散布などの対策技術の効率的な実施を担わせる．

3.2 二酸化炭素の海洋隔離技術

3.2.1 海洋隔離のニーズ

日本の CO_2 排出量は 1990 年が 11.4 億 t，2005 年が 13.6 億 t であるから，単純に，この間排出量が線形に伸びるという，本章における BAU (Business as Usual：今のペースで CO_2 を排出しつづけるという経済重視型のシナリオ）ケースを仮定すると，2050 年は 20.2 億 t，2100 年には 27.5 億 t であり，2050 年に 1990 年対比で 50% 削減するなら 14.5 億 t/年を削減しなくてはならない．さらに 2100 年には排出量をゼロとすることを想定し，線形な排出量減少を仮定すると，2005 年から 2050 年までの 45 年間の累計の BAU との差は 326 億 t，2050 年から 2100 年までの 50 年間では約 1050 億 t となり，この分の CO_2 の削減対策が必要となる．

一方，再生可能エネルギーのうち，電力供給のキャパシティーが大きいと考えられる風力，太陽光・熱，水力，地熱による CO_2 削減効果には，例えば 2010 年で 4000 万 t/年，2030 年で 2.7 億 t/年程度という予測がある．本章の BAU ケースの 2030 年の CO_2 排出量は 17.3 億 t であるから，その 15% 程度となる．再生可能エネルギーには，コストやエネルギー密度の問題を乗り越え，さらなる貢献が求められるであろうが，これだけで 2050 年に 1990 年比半減は難しいと考えるべきであろう．

環境と経済，食料や資源供給のバランスを保ちつつ CO_2 排出量を削減するには，少なくとも 2100 年まで，化石燃料は減らしながらも使用せざるをえないと想像され，化石燃料を燃やして出る CO_2 は大気から隔離するということになる．

海域を含めた日本の地中貯留のキャパシティーは，(財) 地球環境産業技術研究機構 (RITE) によると，背斜構造を有する (キャップロックが上方に凸型で，超臨界状態の CO_2 が深部塩水層上部に浮力で安定的にトラップされる) 深部塩水層のうち，基礎試錐データがありほぼ確実に安定貯留できる地域で87億t，地震波探索データのみがある地域で214億tであるという．両者合わせて，上記の2100年までの必要削減量の22%である．また2005年10月の経済産業省「技術戦略マップ (エネルギー分野) 〜超長期エネルギー技術ビジョン〜」によると，2025年から2100年までに削減しなくてはならない CO_2 量は5億〜40億t/年とされており，地中貯留のキャパシティーは，もって十数年分である．さらに秋元ら (Akimoto et al., 2007) の経済性モデルによるシミュレーション結果によると，2050年に2005年の排出量の約半分を削減することができるのは，2050年のGDPあたりの CO_2 削減量を2000年の1/3と想定したケースで，これには地中貯留だけでは不足で，2020年から海洋隔離を併用することで経済的に達成可能となっている．これらのデータが示すように，地中貯留だけでは2050年に削減量半減は困難であり，特に地震国日本では，国として海洋隔離という選択肢は保持すべきものと思われる．

3.2.2 海洋表層酸性化と海洋隔離

大気の CO_2 濃度が上昇すると，それと平衡になるように海は CO_2 を吸収するため，これまでのように大気に CO_2 を出しつづければ自然に CO_2 は海に溶解する．しかし，海の水は温度躍層の存在により表層水 (水深数百m) とそれ以深の中深層水に分かれていて，鉛直方向の拡散は時間がかかるため，厚さの薄い表層水はすぐに大気と平衡になるものの，CO_2 が中深層にまで汲んで，大気・海洋システム全体として平衡になるのに数百年から数千年と予測されている (Hoffert et al., 1979; CaldeiraK and Wickett, 2003)．人間が大気に出す CO_2 の量が海全体による吸収速度にまさるため，大気と表層水中の CO_2 濃度がオーバーシュートとなり，2100年くらいの時点でピークに至り，局所的な気候変動や海洋表層の酸性化などのようなさまざまなハザードを引き起こす懸念がある．海洋表層酸性化の影響としては，IPCCが想定したBAUケースの場合，2100年の大気の CO_2 濃度は1000ppmをこえると予想されており，仮に2000ppmと平衡した表層水中では巻貝などの炭酸カルシウムの殻が溶け出すというデータがある (Orr et al., 2005).IPCC の気候変動予測のなかで，2100 年において最も濃度を抑えることになったシナリオでも，その予測結果は 550 ppm であり，栗原ら (Kurihara et al., 2004) によると，550 ppm と平衡した表層水中ではウニの幼生は正常な発育ができないことがわかっている．ここで注意したいのは，これらの生物は，太陽光を受け光合成を行う植物プランクトンを生産者とする食物連鎖の範疇にあり，表層あるいは浅い海底に生息するという点である．

海洋隔離は，人間の手で CO_2 を温度躍層より下の海洋の中深層 (温度躍層の下，水深 2000 m 程度) に送り込むことで，海の CO_2 吸収力を人為的に早め，海洋表層の濃度ピークを低減する効果をもつ．したがって，海洋内の中深層に数千年かかって拡散する自然のプロセスを人工的に促進する技術であるといえる．海洋隔離してもしなくても，排出した CO_2 は最終的には大気か海洋に配分されて平衡になるため，海洋隔離はこの平衡濃度を低減するものではない．あくまで，再生可能エネルギーのような CO_2 をほとんど出さない技術が成熟するまで，すなわちエネルギー供給源として量的に化石燃料に代替できるようになるまで，化石燃料起源の CO_2 を大気から隔離する技術である．

3.2.3 海洋隔離の研究動向

一方で海洋隔離のリスクとして中深海生物への影響が考えられる．中深層では表層と異なり，表層から落ちてくる生物の死骸や糞をベースとした生態系が存在し，深海魚やイカなどの大型生物のほか，動物プランクトン，バクテリアなどが主な生息種となっている．そこで RITE が国から委託されたプロジェクト「CO_2 海洋隔離の環境影響評価技術開発」において，環境影響評価分科会にて生物影響について，希釈技術開発分科会にて希釈技術やモデルによる希釈の予測，モニタリング技術の開発が行われた．

生物影響は，時空間スケールにより各種個体の急性影響と慢性影響，種の生活史への影響 (誕生，発育，生殖)，そして生態系影響に分類される．通常，急性および慢性影響はさまざまな CO_2 濃度下における死亡率で評価される．このような一連の研究中で，同じ pH の減少であっても，塩酸や硫酸などより CO_2 による酸性化の方が生物の死亡率には影響が大きいこと (Kikkawa et al., 2004)，魚類は暴露時間によらず 10000 ppm 以上の高い CO_2 濃度で影響を受ける (Ishimatsu et al., 2004; Hayashi et al., 2004) のに対し，カイアシ類などの動物プランクトン

は濃度が低くても暴露時間が長いと影響を受けること（Watanabe et al., 2006）などがわかってきた．暴露実験の死亡率データから，実験した種のうち最も耐性の低いカイアシ類の無影響濃度を算出し，さらに魚類やベントスも含めたデータから，生態系全体の予測無影響濃度を求める試みもなされている（Kita and Watanabe, 2006）．

希釈技術開発では，生物影響が発現する前に，深海中の CO_2 濃度を予測無影響濃度以下に希釈するような放出技術を開発した（Tsushima et al., 2006）．また深海の乱流を計測して求めた拡散係数を使った数 km 程度の放出域（Chen, et al., 2003 ; Sato, 2004）や数百 km 程度の中規模スケール（Jeong et al., 2010），さらには地球シミュレータを用いた 10000 km スケール（0.1 度メッシュ）で CO_2 の移流拡散予測（Masuda et al., 2007）を行い，CO_2 液滴の極近傍を除くほとんどの海水の CO_2 濃度が予測無影響濃度以下になっていることを予測している．このほか，自然に CO_2 が噴出している熱水鉱床周辺の CO_2 濃度や pH を，精度よく広範囲にモニタリング・マッピングする技術（下島ほか，2005）が開発され，また数千 m に及ぶ CO_2 送込みパイプに渦励振も発生しないことがモデル計算（手島ほか，2006）により示されるなど，システムの安全性も検討されている．

3.2.4　海洋隔離の進め方

海洋だけでなくすべての生態系は，人類には完全に把握できない非定常性と不確実性を内在しており，すべてを完全に解明することは不可能であると考えられる．例えば 2006 年度日本海洋学会秋季大会のシンポジウム「二酸化炭素海洋貯留：適切な環境影響評価のあり方について」では，中深層のバクテリアやアーキアの活動への影響などの懸念も示されており，今後，さらなる環境影響に関する研究の継続は不可欠である．しかしその一方で，仮に環境影響を 100％ 理解しなければ開発ができないとなると，経済性や安全性とのバランスが崩れ，むしろ社会が不利益を被ることも起こりうる．そこで開発と環境への配慮を両立させるため提案されている手法が順応的管理（Holling, 1978 ; Walters, 1986 ; 勝川，2005 ; 古川ほか，2005）である．これは，管理対象である生態系が非定常性と不確実性を含んでいるということを前提に，政策の実行を順応的な方法で，多様な利害関係者の参加のもとに実施するものである．このような取り組みは，予め開発段階において実施することで，実用段階に起こるであろう問題を事前に把握すること

が可能となり，一般の人々の問題意識を把握することができることから，開発段階における研究投資の重点化ができるという点，今後CO_2海洋隔離が事業化された際に，順応的管理のプロセスを経て合意形成を得たという実績により，国際競争において優位に立てるという点において有効であると考えられる．

以上のように，CO_2海洋隔離を実用段階に移行する以前の開発段階において，その社会受容性を評価し，人々の価値観や問題意識を把握しておくことは，今後この技術を普及させていくための重要な足掛かりになるといえる．そこで，人々がどのようにこの技術を受け止めるかについての調査が行われている（上城・佐藤，2007）．5大学180名の学生を対象にアンケート調査し，リスクやベネフィットの認知による社会的受容への寄与を共分散構造分析によって評価した結果，社会的受容を高めるためには，表層酸性化に対し海洋隔離が自然の摂理の促進であるというコンセプトの浸透，海洋隔離のベネフィットやリスクに関する適切な情報発信，海洋生物の安全を意識して隔離後のモニタリングを確実に実行することなどが有効な手段であることがわかった．さらに，ウェブ上で擬似海洋実験を行い，サイエンスカフェ形式でBBSに書き込まれた議論を論理分析することにより，海洋実験を行い，その海域での生物現存量調査による生態系の知見を増やすことが今後の社会受容性の拡大につながることなどがわかっている．

今後は，さらなる現場海域調査を含んだ環境影響評価の研究を継続しつつ，10年程度の時間軸の中で，ロンドン条約の付属書改定やCOP-UNFCCCのインベントリー認定というハードルをクリアすることを目標に，実際に海洋実験を行い，その知見を国内社会はもちろん，世界に広く公開し，海洋隔離技術のコンセプト，ベネフィットとリスクを正しく理解させ，認知度を高めていくことが必要となる．逆にいえば，海洋隔離を語るには，表層と中深層を分断する温度躍層の存在や，大気中のCO_2濃度の上昇は海洋表層の酸性化を引き起こすことなど，大気・海洋システムを正しく理解することが肝要であり，誤った認識に基づいて，今このオプションを手放すことはわが国の温暖化対策にとって大きな痛手となると考えられる．海洋隔離が実現化されるとしても2030年ごろと考えられることから，まだ時間はある．繰り返しとなるが，この間に，対象海域の物理・生態系の調査，環境影響評価技術の研究開発，社会認知のための活動の継続をさらに進展させる必要がある．

CO_2海洋隔離技術が国際的認知を得，国民の受容も獲得し，実海域実験によっ

て，開発してきた技術が現場で検証されれば，実際に2030年ごろから2050年ごろまでの期間で，年間2億t程度のCO_2削減は十分可能であり，日本は不必要な外貨を支払うことなく大量のCO_2を削減することができるようになる．さらに研究成就の暁には，日本政府は，海洋隔離をCO_2大量削減の切札として国際交渉の場に出すことが可能となる．もちろん，大量排出源である化石燃料を用いた発電所などからのCO_2の分離・回収にかかわる技術開発は，大量の処理を必要とされることによるスケールメリットの恩恵を受けるであろうし，関連産業の育成につながる．また隔離事業自体も，5000万t/年の注入が想定される1サイトあたりで30隻のCO_2放出船と20隻の輸送船を要するため，液化CO_2運搬船の建造により造船業も振興される．さらに環境影響評価のためのCO_2濃度のモニタリング技術や，ROVやAUVなどの水中作業ロボット，生態系を精査するゲノム解析技術などにかかわる産業が創出されることが期待される．

3.2.5 海域地中貯留の国際動向

海洋隔離を取り巻く情勢をみる際に，海域地中貯留をはずして語ることはできない．海域地中貯留に関しては，2007年から国際的に急激な動きが続いている．2007年5月の気候変動に関する政府間パネル（IPCC）第3作業部会で議決された第4次評価報告書では，CCS (Carbon Dioxide Capture and Storage：CO_2の分離・回収と貯留) はCO_2の有効な削減策であることが明記された．2007年ハイリゲンダムサミットに続き，2008年の洞爺湖サミットにて，2050年までに世界の温暖化ガスの排出を50％削減するという声明を当時の福田首相が発表し，同年7月に政府の発表によると2020年からCCSを実現化させるという．このようにCCSは，CO_2の「超大量削減技術」として，そのメリットが強く認識されている．その一方，2009年には，鳩山首相（当時）が，日本は2020年までに温暖化ガスを1990年比25％削減することを国連の場で明言したが，この段階ではCCSは2020年までの主要対策技術としては認知されていない．

CCSのS（貯留）は，現時点で大きく分けて2つに分類される．本章の中心課題である「海洋隔離」と，現在世界各国で推進が計画されている「地中貯留」である．大陸棚が広く，地震が多いわが国においては，地中貯留を陸域で行うことはせず，水深数百m程度の海底下1000〜2000mの帯水層に超臨界状態のCO_2を注入する「海域地中貯留」が計画されている．

海域地中貯留に関しては，国際的に急激な動きがあってこれが合法化された経緯をもつ．まず 2005 年 5 月のロンドン条約（廃棄物投棄による海洋汚染の防止に関する条約）の科学会合にて，海底下地層中 CO_2 貯留というオプションを合法化することを検討すべきとの提案がイギリスからなされたことに端を発し，EU 諸国やイギリス連邦諸国の賛同を得て，2006 年 11 月には同条約締約国会議にて，海域地中に注入する CO_2 を海洋に廃棄してよい物質リストに加えた付属書の採択があり，2007 年 3 月に，これを賛成 12 か国（締約 17 か国の 2/3 以上）で発効した．日本は国内法の整備が間に合わず締約できなかったが，2007 年 5 月に海洋汚染防止法改正案が国会を通過し，同年秋の締約国会議で上記付属書を含んだ議定書を批准した．

　一方，国連気候変動枠組条約締約国会議（COP-UNFCCC）では，2006 年に海域地中貯留された CO_2 を削減量としてインベントリーに加える提案がなされたが，バイオ燃料市場を拡大したい国々の思惑もあり，その後 2008 年まで議論は継続されたものの，未だ認定には至っていない．しかし，CO_2 削減が今後政治・経済的な交渉を優位に進める手立てとなると判断した EU は，ポスト京都議定書をにらんで，2020 年までに 1990 年対比 20％削減することを決定し，そのうち半分の 10％は地中貯留で対応するとしている．また，バイオ燃料市場の動静が見極められた後には，EU がインベントリー認定を再度動議することも自明であろう．

　このような半ば強引な EU 主導の地中貯留の国際的認定の影で，海洋隔離は，2006 年のロンドン条約締約国会議で「生物影響が解明されていない」として議論が据え置かれたように，IPCC，COP-UNFCCC などにおいても，多少のニュアンスの違いはあれど，さらなる調査が必要という位置づけの技術とされている．

　しかし，わが国において海域地中貯留が本当に「超大量削減技術」になりえるかについては注意が必要である．2008 年の UNESCO 主催の "The Ocean in a High CO_2 World" という国際学会にて，Bergen 大学の Haugan 教授は，1990 年から Statoil 社が実験を行っている Sleipner 海底油田での海域地中貯留の最新の地震波探査結果の図をみせ，浸透率の低い泥層の裂け目から徐々に CO_2 が上昇していることを示した．ただし Haugan 教授は，キャップロックとよばれる泥岩層がその上部にあり，そこで必ず CO_2 の上昇は抑えられ漏洩には至らない

とも述べている．ところが2009年早々，同じSleipnerのCO$_2$貯留の近隣サイトでオイルなどが漏洩する事故があり，Statoil社はCO$_2$貯留可能量を急ぎ下方修正した．また2008年オランダでは，地域住民の反対により，地中貯留の実験実施が困難になったサイトが出た．

海域地中貯留のコストの増大を防ぐには，パイプラインの距離を長くとることは得策でない．漁業補償という固有の問題を抱えるわが国においては，海域地中貯留はNIMBY (not in my backyard) 問題になる可能性を備えており，RITEが発表した貯留可能ポテンシャルは，パイプラインの長さによる経済的問題，特にCO$_2$の深部塩水層内での移動を許容する「背斜構造をもたないサイト」に対する地域住民の受容性の問題により，物理的に貯留が可能なサイトであってもそれがすべて使えるわけではなく，大幅な下方修正が必要となることは必須である．

これに対し，海洋隔離は，その主なリスクとして懸念されているのは，放出点近傍の海洋生物への影響と，隔離期間が数百年（約100年後から数百年かけて中深層の海水が上層へ湧昇し，CO$_2$が徐々に大気へ漏洩）という点である．しかし，海洋隔離の場合，注入時の濃度が最も高く，それ以降は拡散により濃度が薄まっていくため，注入点近傍の濃度を生物影響以下にすれば，地中貯留のように「漏洩」という生物影響リスクを将来に残すことはない．また，1サイトで真に「超大量」な削減が継続的に可能であり，地中貯留のように1サイトあたりの総貯留量が明確でない技術ではない．さらに，数百年後に徐々に大気に戻ってくるとしても，海洋隔離は真に超大量（1サイトあたり1000万〜1億t/年）なCO$_2$の削減技術であるため，今後100年以内に起こることが予想される大気中CO$_2$濃度のオーバーシュートのピーク分を削減し，これを数百年間で均す技術であると位置づければ，もはやこの数百年の漏洩はデメリットではなく，多大な気候変動を引き起こすといわれるオーバーシュートをピークシェービングにより避けることに貢献するというブリッジングテクノロジーとしてのメリットの一環であると認識される．

海洋隔離と地中貯留のリスク（ハザードの大きさ×発生確率）には，性質的に大きな差異がある．海水にCO$_2$を溶解するという海洋隔離のリスクは，近い将来，さまざまな生物に対するCO濃度の影響のデータ（ハザードの定量化）がそろえば，発生確率は海洋隔離を実施すればほぼ100%であるため，かなり確実に把握

できる．また CO_2 の影響濃度の上限がわかれば，その濃度以下に希釈する技術開発が追従し，リスク管理が可能となる．しかし地中貯留のリスクは，貯留そのものではなく，貯留した CO_2 の地震などの天災や事故などによる漏洩にかかわるため発生確率はもちろん，ハザードの大きさも漏洩量によるところとなり，不確実性という意味において，リスクの定量化およびそれに基づくリスク管理が困難化する．リスクの不確実性が大きいと，その評価には専門家の主観的判断が含まれざるをえなくなり，時代によって変動したり，専門家への信頼問題，楽観論と悲観論の対立などにより，リスクは大きいかもしれないが管理が可能な海洋隔離より，地中貯留の社会的合意形成にはむしろ困難となる可能性もある．

ではなぜ海洋隔離は世界的な合意に至らず，地中貯留が先行したか．やはり大きな要因はロンドン条約であろう．2006 年，北欧諸国で構成される OSPAR 条約（北東大西洋環境保護に関する条約）で，ドイツの主張により，海水中に溶解させるタイプの海洋隔離は禁止された．前述のようにロンドン条約では，海域地中貯留は認められたが，海洋隔離は 2009 年時点で議題に上がっていない．OSPAR におけるドイツ政府や一部の環境団体が反対する理由は，結局のところ「生物影響が解明されていない」に帰着する．

海洋隔離は確実な「超大量削減技術」であり，問題視されている生物影響も，近い将来多くのデータの蓄積があり，影響が出ない濃度まで希釈する技術の開発を含むリスク管理も十分可能となる．2009 年に EU 諸国が法令化を進めている 2050 年までの長期的な CO_2 削減に関し，外圧により日本が大きな数値目標を立てざるをえなくなった場合，2020 年ころから始まる海域地中貯留を補って，2030 年ころから海洋隔離は必須となると考えられる．このような認識に立てば，今ここで，改めて海域を利用した CO_2 隔離・貯留技術を俯瞰し，再度，わが国がとるべき選択肢を検討する必要がある．

3.3 海洋利用の必要性と包括的環境影響評価の試み—Triple I

3.3.1 大気・陸域・海域の環境負荷

図 3.2（左）に示すように，これまで人類は陸域を食糧やエネルギー生産の場として大いに利用してきた．このため，人類は環境や生態系にプレッシャー（ま

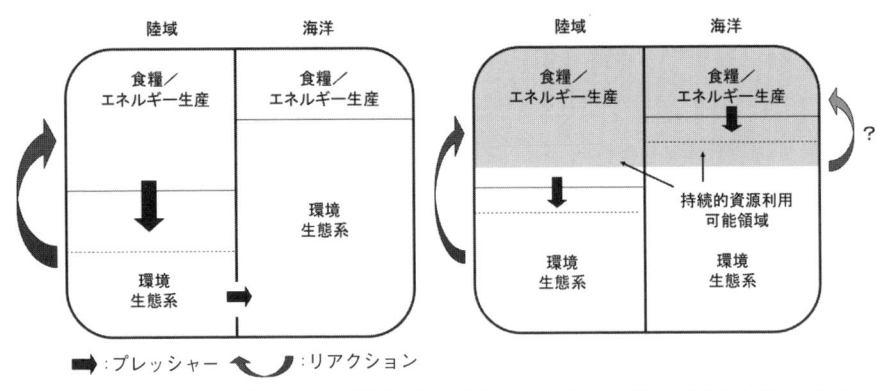

図3.2 人間活動が地球環境へ及ぼす影響の概念（左）と海洋での生産活動に移行した場合の地球環境へ及ぼす影響の概念（右）

っすぐな矢印）を与え続けてきた．さらに，例えば河川から過剰な栄養塩が沿岸域に流出して赤潮となったり，大気に放出したCO_2を海洋表層が吸収し，表層酸性化が起こって海洋生物に影響を与えるなど，陸域へのプレッシャーは今や海洋へもプレッシャーとなって拡大している．近年，このプレッシャーの仕返しであるかのごとく，環境は人類に対し，大気汚染・海洋汚染をはじめとして，酸性雨や地球温暖化に至るまで，さまざまな「しっぺ返し」（曲がった矢印）を与えている．

　そこで，地球の表面積のおよそ7割を占める海洋をもっと大規模に利用することで，陸域に与えてきた食糧やエネルギー生産のプレッシャーの一部を海洋に移すことにより，陸海をより公平に利用し，その分，陸域へのプレッシャーを緩和することを考える．実際，陸域の1/3は山地であり，残りの平地のうちでも生産活動が行われている場所は限られている．農業生産の源となる土壌の層は，平均すればわずか20 cm程度であり，いかに狭い空間で食糧生産活動が行われているかがわかる．一方，海洋は平均水深が約3.8 kmもある．しかも魚類の99%は，海洋全面積のわずか7.5%である沿岸域で生産されており，持続的生産が可能な未利用資源は多く残っていると考えられる．水，食糧，エネルギーの生産拡大が急務である現在，図3.2（右）に示すように，化石資源の大量消費を基礎とする陸域での生産活動を抑え，海洋での生産に徐々に移行していく必要がある．

　ここで問題は，海洋の新たな大規模利用による新たな「しっぺ返し」である．

陸域へのプレッシャーを弱めるかわりに，これまで利用が手薄であった海洋にプレッシャーをかけると，その「しっぺ返し」とはどのようなものか，それは陸域で緩和される「しっぺ返し」分より小さくて済むのか，すなわち，同じだけ人類が享受するのに，いったい図 3.2 の左と右のどちらが環境負荷が小さいか，それを定量的に評価するために，（社）日本船舶海洋工学会「海洋の大規模利用に対する包括的環境影響評価研究委員会（通称 IMPACT 研究委員会）」が考案した指標が Triple I である（大塚，2006；佐藤・大宮，2008；大塚・大内，2008；村井・養安，2008；澤田・大塚，2008；北澤，2008）．

3.3.2 包括的環境影響評価指標 Triple I

地球規模での環境影響評価指標としては，エコロジカル・フットプリント（EF）がある．EF は，1990 年代にブリティッシュ・コロンビア大学のウィリアム・リースと当時博士課程に在籍していたマティス・ワケナゲルによって開発された指標で，人間経済活動による資源やエネルギーの利用，廃棄物の処理などに必要な生態系の生産（処理）能力を，生産性のある土地（耕作地，牧草地，森林地，生産力阻害地，生産力のある海域）面積に換算した値で表される（リース，2004；チェンバースほか，2005）．したがって，実際の地球の生産（処理）可能容量（バイオキャパシティー）を生産性のある土地面積に換算した値と比較すれば，人類の持続可能性を測る物差しとして用いることができる．世界最大の自然保護団体 World Wide Fund for Nature（WWF：世界自然保護基金）では，隔年で発行している生きている地球レポート（http://www.wwf.or.jp/activity/lib/lpr/WWF_LRR_2012.pdf）の中で，人類全体の EF の経年変化を紹介しており，人間活動による生態系の消費は，1987 年に持続可能な経済活動の限界である地球 1 個分をこえ，2008 年には 1.5 個分となったという．

EF がわれわれの目指すところの環境影響評価指標に耐えないのは，EF があくまで経済的生産活動の環境影響指標であり，将来の「しっぺ返し」，すなわち「リスク」の概念をもたないことにある．一方，環境リスク論は，1990 年代に体系化された概念（中西，1995）で，地球温暖化や化学物質の人体への影響などに代表されるような，広域的・長期的環境影響問題に対して多面的な環境影響評価を行い，リスク・ベネフィット原則により意思（政策）決定を管理するという方法論である．環境リスク論では，環境影響として現在および未来の経済損失，人

の健康への影響，生態系への影響が，資源消費として現在および未来のコストが，ベネフィット（B）として現在および未来の利益が，それぞれ環境影響評価の際考慮すべき項目としてあげられている．これらは，コスト（C），人の健康リスク（HR），生態リスク（ER）に集約され，最終的にベネフィットとリスクの比（$\Delta B/\Delta R=$見返りとしてもたらされるベネフィット/受忍するリスクの大きさ）で一元的に評価される．ただし，HR, ER と C の換算に際しては，value of human life（VH），value of ecology（VE）が用いられるが，VEの算定には課題が多いことが指摘されている．

未来を含む生態系の価値は根本的に人間の経済価値で評価することが難しいが，生物生産量を基本的な価値として考えれば，EF として換算することが可能となる．すなわち，リスクのうち ER は EF に統合可能で，そうすることにより EF に長期的観点を加えることができる．また，HR は VH によって C に統合可能である．したがって，ER を統合した EF と，HR を統合した C の換算が可能であれば，すべてを包括した統合指標をつくることができる．そこで，世界の国別の総 EF と総 GDP の関係をみたところ，図 3.3 のようにかなりの相関を示すことがわかった．

ここにおいて，比（$\Sigma \mathrm{EF}/\Sigma \mathrm{GDP}$）を換算係数として導入し，上記委員会は以下のような統合指標 Inclusive Impact Index（III, Triple I）を提案した．

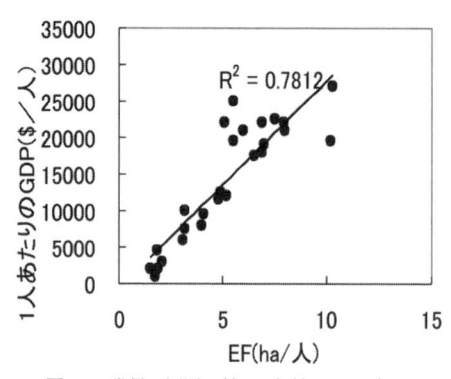

$$\mathrm{III} = (\mathrm{EF} + a\mathrm{ER}) + \frac{\Sigma \mathrm{EF}}{\Sigma \mathrm{GDP}}(\beta \mathrm{HR} + C - B) \tag{3.1}$$

図 3.3 世界の国別の総 EF と総 GDP の相関

$$\varDelta\mathrm{III} = \varDelta\mathrm{EF} + \alpha\varDelta\mathrm{ER} + \frac{\Sigma\mathrm{EF}}{\Sigma\mathrm{GDP}}(\beta\varDelta\mathrm{HR} + \varDelta C - \varDelta B) \qquad (3.2)$$

ここで，α は ER を土地面積に換算する係数，β は HR を金銭換算する係数である．Triple I には，対象となる海洋大規模開発技術に対し，Triple I を始めから積み上げて計算する，いわば「絶対 Triple I」と，当該技術を実施した場合としなかった場合の差だけ示す「相対 Triple I（$\varDelta\mathrm{III}$）」がある．通常は，対象である技術に対し $\varDelta\mathrm{III}$ を考え，消費する EF を正値で計算し，$\varDelta\mathrm{III}$ が同じく正であれば，その技術は，「金はかかるし土地も使う」ということで，研究開発に値しないということとなり，負値をとれば，コストよりベネフィットが大きかったり，その技術を使わないときのリスクの方が技術を使ったときのリスクより小さかったり，といったことが考えられ，「当該技術開発は有益であるので実行すべき」という意思決定が可能となる．比較にあたっては，当該技術の単位（生産量など）で規格化する必要があるし，また時間軸の概念がとりわけ重要である．すなわち，いつの時点の Triple I なのかという点と，C や B と同様にリスク（ERと HR）も 1 年あたりとする点である．通常前者は現在とし，将来起こるかもしれないハザードを現時点でのリスクとして扱うこととなる．

3.4 Triple I を用いた事例—CO_2 海洋隔離[*1]

3.4.1 シナリオの設定

近年，大気中の CO_2 濃度の上昇に伴って海洋表層の CO_2 濃度が上昇し，いわゆる海洋表層酸性化が起こり，その環境への影響が危惧されている．表層が酸性化し生態系が影響を受けると，主に表層からの沈降フラックスによって成り立っている中深層の生態系も何らかのダメージがあると考えられている．CO_2 の海洋隔離は CO_2 を直接深層に注入することで，深層の生態系への影響がリスクとしてあることは述べたとおりであるが，海洋隔離をしなくても，大気中 CO_2 濃度が上昇しつづければ，表層はもちろん，深層にも環境リスクがあることになる．ここでは，大気中 CO_2 濃度上昇による海洋表層酸性化と CO_2 の海洋隔離を対

[*1] 本節の内容は，佐藤　徹・大宮俊孝 (2008)：海洋表層酸性化に対する CO_2 海洋隔離の Triple I．日本船舶海洋工学会論文集，8：9-16 を一部改変したものである．

象として Triple I を求める．そのため，まず始めにシナリオを作成する．CO_2 海洋隔離のベネフィットやリスクを評価するには，このまま化石燃料を使いつづけ，大気に CO_2 を放出しつづけた場合の海洋表層酸性化およびその深層への影響との比較が重要である．そこで以下の2つのシナリオを考えた．

① Business as Usual (BaU) に CO_2 を大気に出しつづけ，2100年に大気中 CO_2 濃度が 1000 ppm になる（IPCC A1F1 シナリオ (IPCC, 2001) に準拠）．

② 全世界で CO_2 海洋隔離を行い，2100年の大気中の CO_2 濃度を 550 ppm にする．また深海に隔離した CO_2 濃度は，ΔP_{CO_2}（もともとの当該海域の P_{CO_2} に新たに加わる分）で 500 ppm 以下に抑制する（Sato, 2004）．

シナリオ②は，BaU で 1000 ppm となる大気中 CO_2 濃度を海洋隔離だけで 550 ppm に抑制するというもので，現実性は全くないが，ここではあえて極端なケースとして取り上げた．

中央環境審議会 (2005) によると 2100 年時点での 550 ppm 安定化のためには，世界の排出量を 2000 年から 2100 年の間に BaU ケース対比 71 Gt-C 減少させねばならない．これを単純に 100 年で平均化すると 2.7×10^{10} t-CO_2/yr となる．さらに 3.1 節で示すように CO_2 の分離回収と海洋隔離にかかるエネルギー源からの CO_2 排出量（エネルギーペナルティー）は隔離量の 18% であることから，ネットの CO_2 削減量を 2.7×10^{10} t-CO_2/yr にするため世界の隔離量を 3.3×10^{10} t-CO_2/yr とし，シナリオ②ではこれをすべて海洋隔離で対応することとする．

3.4.2 エコロジカル・フットプリントの算出

a. CO_2 輸送・放出に伴う簡易 LCA

液化 CO_2 運搬船・放出船には現行の LNG 船とほぼ同じタイプの船舶を用いると仮定し，平岡ほか (2005) による LNG 127 船の環境負荷量のデータを用いて CO_2 海洋隔離の LCA を行う．

LNG 127 船 1 隻の載貨重量は 6 万 7554 t，LNG 127 の平均積載率が 87% であること（平岡ほか，2005）から輸送 CO_2 量を 5 万 8800 t として，CO_2 の分離回収施設から隔離サイトまでの距離は片道 1500 km，放流船の CO_2 放流量は 360 t/hr，放流船速 10.8 km/hr と仮定し，輸送 1 回＋隔離 1 回あたりの環境負荷量を求める．5 万 8800 t の CO_2 を放出するのに，放出船は 163 hr，1760 km 航走する．この放出船に CO_2 を供給するため，輸送船は往復 3000 km を走る．世界

の年間隔離量は 3.3×10^{10} t-CO_2/yr であるから，輸送1回＋隔離1回を56万1000セット行う必要がある．

これらより，全世界の CO_2 海洋隔離に伴う資源消費量および環境負荷物質排出量は表3.1, 3.2のようになる．ここで平岡ほか（2005）の輸送量（t・km）あたりの消費量，排出量には積載航海割合（LNG 127 で約50％）も考慮されている．放出船の CO_2 輸送量は航走中に減少していくが，ここではこれも積載航海割合50％として扱っている．

メタン（CH_4），亜酸化窒素（N_2O）の温暖化係数は，CO_2 を1とすると，21と310であり，4.3×10^6 t-CO_2/yr, 7.3×10^6 t-CO_2/yr となり，CO_2 自体より3オーダー小さく無視しうる．

一方，3.3×10^{10} t-CO_2/yr の CO_2 分離回収プロセスにおける CO_2 排出量は，電力に関する排出原単位を 0.555 kg-CO_2/kWh，出力低下率を10％とすると，3.6×10^9 t-CO_2/yr である．以上より，CO_2 の分離・回収・輸送にかかる CO_2 排出量は 6.1×10^9 t-CO_2/yr であり，エネルギーペナルティーは18％となる．

EF では CO_2 に関して，森林の CO_2 吸収量を 5.2 t-CO_2/ha/yr，等価係数を1.34である（Ecological Footprint Network, 2006）として，それを吸収しうる森

表3.1　LNG127船からの資源消費量

	ボーキサイト	石炭	石油	天然ガス
輸送量（t・km）あたり（kg）*	1.1×10^{-6}	1.8×10^{-5}	3.0×10^{-3}	2.5×10^{-3}
CO_2 輸送1回＋隔離1回あたり（kg）	3.2×10^2	5.1×10^3	8.3×10^5	7.1×10^5
全世界の CO_2 海洋隔離あたり（kg/yr）	1.77×10^8	2.87×10^9	4.67×10^{11}	3.96×10^{11}

*平岡ほか（2005）

表3.2　LNG127船の大気環境負荷物質の排出量

	CO_2	CH_4	N_2O	NO_2	SO_2	VOC
輸送量（t・km）あたり（kg）*	1.6×10^{-2}	1.3×10^{-5}	1.5×10^{-7}	7.6×10^{-5}	1.7×10^{-4}	3.5×10^{-13}
CO_2 輸送1回＋隔離1回あたり（kg）	4.5×10^6	3.6×10^2	4.2×10^1	2.1×10^4	4.8×10^4	9.8×10^{-5}
全世界の CO_2 海洋隔離あたり（kg/yr）	2.5×10^{12}	2.0×10^8	2.4×10^5	1.2×10^{10}	2.7×10^9	5.5×10^1

*平岡ほか（2005）

林面積として表す．

　CO_2 海洋隔離の分離・回収・輸送に伴う EF は，CO_2 に換算した温室効果ガス排出量が $6.1×10^9$ t-CO_2/yr であることより $1.6×10^9$ gha となる．また回収液化施設の面積は，245 t-CO_2/hr の回収液化能力のある施設で 4.2 ha であること（横山ほか，1995）から，回収量と施設面積の比例計算より，全世界で必要な回収液化施設の面積は $6.0×10^4$ ha となる．生産地阻害地（建築物によって使用されている土地）の等価係数は 2.21 である（Ecological Footprint Network, 2006）ので，分離回収施設の生産地阻害による EF は，$1.3×10^5$ gha となる．

　海洋に隔離された CO_2 に関しては，その分を EF の負値として考え，CO_2 年間隔離量が $3.3×10^{10}$ t-CO_2/yr であることから $-8.5×10^9$ gha となる．したがって ΔEF は $-6.9×10^9$ gha となる．生産地阻害はほとんど寄与しないことがわかる．

3.4.3　生態リスクの算出

　環境リスクは，一般に，エンドポイントのハザードの大きさにその生起確率をかけたもので表される（中西，1995）．通常 ER のエンドポイントは生物種の絶滅とされる（中西，1995）．そこで海洋表層酸性化および CO_2 海洋隔離の ER のエンドポイントとして，それぞれの対象海域，水深における海洋生物の種の絶滅を考える．しかし，現在行われている海洋生物への CO_2 暴露実験は，生物個体の死亡率を測定するものであり，絶滅の生起確率を与えるものではない．まして絶滅のハザードを土地面積で表すものでもない．そこでここでは，陸上の例を参考に，ハザードとして種数の減少比から土地の環境改変面積を求めることにする．絶滅確率は，準定量的手法を用い，専門家アンケートをベースに海洋表層酸性化と CO_2 海洋隔離による生物多様性の減少の生起確率を求める．最後にそれらをかけ合わせることで ER を導く．

　a．ハザードマップの作成

　シナリオに基づいて，「CO_2 海洋隔離を行う」という事象から始まって，エンドポイントである「生物多様性が減少する」に至るハザードマップを作成する．このときエンドポイントは「沿岸域」，「外洋表層」，「深層」の3つの区域に分けた．対象とする生物種は，植物プランクトン（沿岸域と外洋表層のみ），ベントス

3.4 Triple I を用いた事例—CO₂ 海洋隔離　　65

図 3.4　CO₂ 海洋隔離のハザードマップ

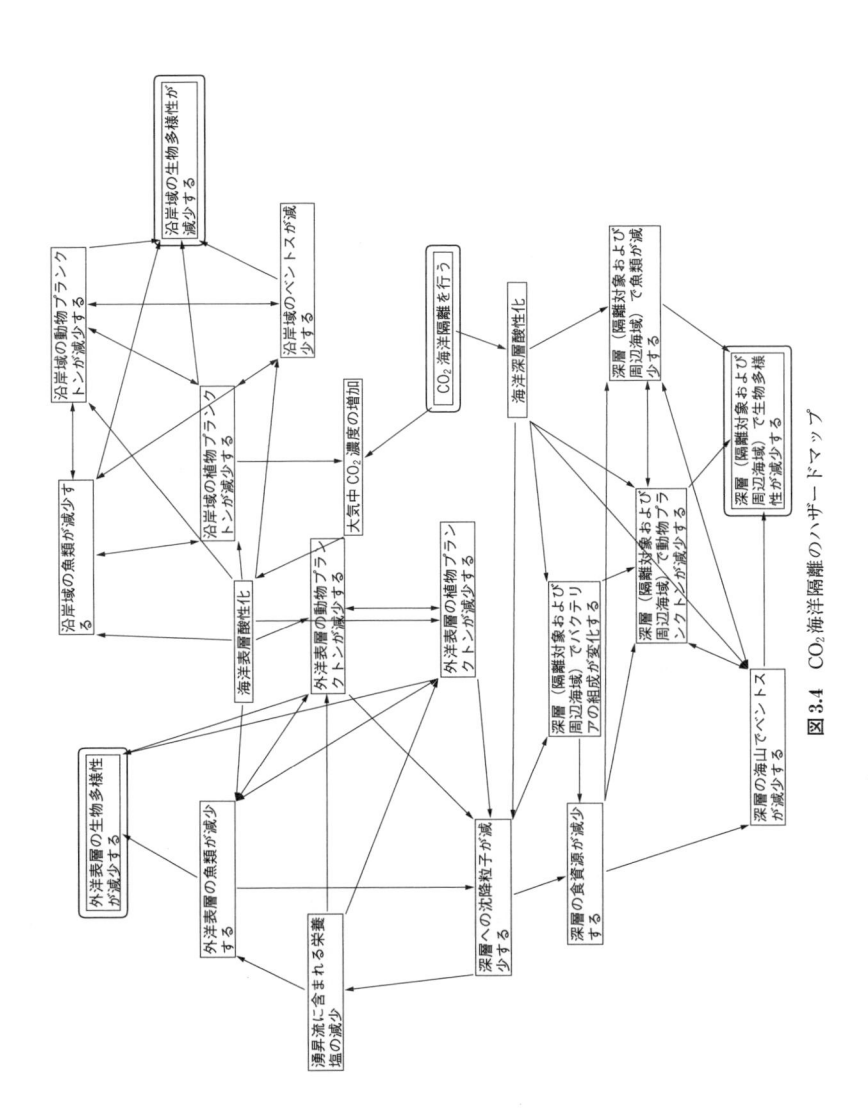

(沿岸域のみ)，動物プランクトン，魚類とした．

ハザードマップとは因果の関係図である．出発点からエンドポイントに至る因果の道筋に存在する事象について，さまざまな可能性を考えねばならない．一方で，専門家へアンケートを依頼する際，事象があまり多いとアンケート回収率が確実に落ちるので，やみくもに複雑化してもいけない．いったん考えたマップを海洋生物の専門家2名にみてもらい，不要な事象や因果関係の有無を示す矢印の削除や，必要なものを足してもらって作成したハザードマップが図3.4である．

事象の表現は，具体的な数量などを入れると場合分けが多くなり回答者の負担となるため，定性的な表現にとどめた．深層と表層の環境変化を相互につなぐ事象として「深層への沈降粒子の減少」と「湧昇流に含まれる栄養塩の減少」を，深層でより豊富になるバクテリアの変化を考慮するために「バクテリアの組成の変化」などを設定し，計21の事象を考えている．

事象P_iの回答にあたっては，生起確率を表3.3のように6つの選択肢から選択するという形式にした．表の右端には，選択肢に対応するおおよその生起確率

表3.3 事象P_iの選択肢と対応させた生起確率

選択肢	判断表現	一時的生起確率
1	確実に生じる	0.9〜1.0
2	生じると思われる	0.7〜0.9
3	どちらかといえば生じるかもしれない	0.5〜0.7
4	どちらかといえば生じないかもしれない	0.3〜0.5
5	生じないと思われる	0.1〜0.3
6	確実に生じない	0.0〜0.1

表3.4 $\alpha_{j \to i}$の選択肢と対応するインパクト値

選択肢	判断表現	一時的インパクト値
−4	非常に強く抑制	−0.4
−3	かなり抑制	−0.3
−2	ある程度抑制	−0.2
−1	わずかに抑制	−0.1
0	影響なし	0
1	わずかに促進	0.1
2	ある程度促進	0.2
3	かなり促進	0.3
4	非常に強く促進	0.4

の範囲を与える（これはアンケートには書かれていない）．各回答者の選択結果は，このおおよその生起確率の範囲内で一様乱数を用いて一時的な生起確率とした．

事象 j が生起するとしたときに事象 i の生起に与える一時的なインパクト確率 $a_{j \to i}$ に関しても同様に表3.4のように表現した．

専門家アンケートの回答者の総数は11名であった．

b. クロスインパクト法による生起確率の算出

専門家アンケート結果の生起確率，インパクト値は一時的な数値であり，確率としての整合性を有さない．そこで次に説明するクロスインパクト法（石谷ほか，1992；林ほか，2005）という準定量的手法を用いて，これらを定量化する．

クロスインパクト法は，対象とする事象の生起確率や事象間の相互影響に関する定量的なデータが存在しない場合に，専門家の意見をデータとして代用する準定量的手法である（石谷ほか，1992）．専門家が推定した確率を，確率論の数学的条件に満たすように修正するプロセスを備えていることが特徴であり，単純に専門家の予測を集計するだけでは得られない高次の情報を得ることができるとされる．

アンケートから得られた一時的な P_i と $a_{j \to i}$ を用いて事象 i の生起確率 $P(i)$ と事象 j が生起したとするときに i が生起するインパクト確率 $P(j \to i)$ を求める．

$$P(i) = P_i \times \prod_m (1 + a_{m \to i}) \qquad (0.1 \leq |a_{m \to i}|) \qquad (3.3)$$

$$P(j \to i) = P(i) + a_{j \to i} \qquad (0 \leq |P(j \to i)| \leq 1) \qquad (3.4)$$

ここで m は，着目しているグループより下位のグループのクロスインパクト分析の結果，生起する事象である．

次に，インパクト確率 $P(j \to i)$ を条件つき確率 $P(i, j)$ にクロスインパクト法を用いて変換する．最後に，得られた $P(i)$, $P(i, j)$ を，ある状態 k に対する N 次結合確率 π_k を変数として次の非線形最適化を解くことにより，確率論的に整合な値 $P^*(i)$, $P^*(i, j)$ に修正する．

$$\left\{ \sum_i^n (P^*(i) - P(i))^2 + \sum_{i<j}^n (P^*(i,j) - P(i,j))^2 \right\} \to 最小化 \qquad (3.5)$$

$$P^*(i) = \sum_{k=1}^N \theta_k^i \pi_k \qquad (3.6)$$

表3.5 クロスインパクト法によって得られた各海域におけるエンドポイントの生起確率

シナリオ	沿岸域	外洋表層	深層
①	0.40	0.35	0.38
②	0.33	0.29	0.31

$$P^*(i,j) = \sum_{k=1}^{N} \theta_k^i \theta_k^j \pi_k \qquad (3.7)$$

$$\theta_k^i = \begin{cases} 1: 事象\ i\ がある状態\ k\ で生起 \\ 0: 事象\ i\ がある状態\ k\ で非生起 \end{cases} \quad (i, k=1, 2, \cdots, 21) \quad (3.8)$$

$$\sum_{k=1}^{N} \pi_k = 1 \quad (\pi_k \geq 0) \qquad (3.9)$$

最終的に,クロスインパクト分析の結果から,生物多様性の減少(種の絶滅)が起こる確率は,表3.5のようになった.深層,沿岸域,外洋表層すべての海域において,シナリオ①の方がシナリオ②よりも生物多様性の減少が起こる確率が高い値となっている.特に人為的にCO_2を注入する深層についてもシナリオ②の方が値が小さくなったのは,シナリオ①の大気中CO_2濃度が1000 ppmへと上昇することにより引き起こされる海洋表層酸性化の影響で,深層への沈降粒子の減少が生じ,深海生物の食資源が減少することの方を,専門家は危惧したためと考えられる.シナリオ②で海洋隔離によるCO_2濃度の上昇が500 ppmにとどまるとしたことで,その影響はそれほど大きいものでないと専門家は考えている可能性もある.

c. エンドポイントの定量化—環境改変面積の導出—

陸域での観測結果から,生物種数Sと生息地面積Aの間には次のようなSpecies Area Relationship (SAR) があることがわかっている (Rosenzweig, 1995).

$$S = cA^z \qquad (3.10)$$

なお,zは経験的に0.25とされる (Rosenzweig, 1995).式(3.10)において環境改変前をS_0, A_0とし,環境改変後をS, Aとすると,改変後の面積Aは,

$$A = A_0 \left(\frac{S}{S_0}\right)^{1/z} \qquad (3.11)$$

となる.よって,ある地域の種数が環境改変によってS_0からSに変化した際に

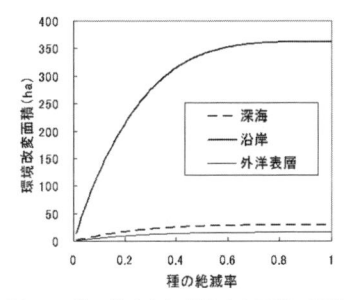

3.4 Triple I を用いた事例—CO_2 海洋隔離　　　　69

図3.5　種の絶滅率と環境改変面積の関係

その地域で改変された面積 ΔA は，

$$\Delta A = A_0 - A = A_0\left[1-\left(\frac{S}{S_0}\right)^{1/z}\right] \qquad (3.12)$$

と表すことができる．つまり，改変前の生息地面積 A_0 と改変前後の種数の比 S/S_0 がわかれば仮想環境改変面積 ΔA を推定できる．

　この概念を用いることで，人類に直接的なサービスを提供しない生態系の価値を土地（海域）面積の変化として換算することが可能になる．今回，海を深層の CO_2 隔離の対象海域，地球上すべての外洋表層，地球上すべての沿岸域の3つに分けて考え，それぞれの A_0 を式 (3.12) に代入して種数減少率を与えると図3.5のようになる．

d.　生態リスクの算出

　最後にエンドポイント（生物多様性の減少，すなわち種の絶滅）が起こる生起確率と，ハザード（環境改変面積）を掛け合わせ，ER を求める．各海域の総面積は，沿岸域は全海洋面積の 7.6% の 27 億 ha とし，それ以外を外洋表層面積とした．深層の面積は CO_2 海洋隔離の行われる海域面積のみが影響を受けるとして，隔離1事業あたり 5000 万 t/yr を隔離するサイト面積を 100 km×300 km として（尾崎ほか，2006），世界の年間海洋隔離量 3.3×10^{10} t-CO_2/yr から面積を算出した．

　準定量的手法による生起確率の解析では，種の全滅について，それが何種類の生物種であろうと，生起確率を予測することはできても，今回のアンケートの内容では絶滅する種数まで抽出することは不可能である．そこでケーススタディー

表3.6 ΔER の算出

海域	総面積 (億 ha)	改変面積 (億 ha)	シナリオ	生起確率	ER (億 gha)	ΔER (億 gha)
沿岸域	29	25.2	① ②	0.40 0.33	10.1 8.3	1.8
外洋表層	362	315.1	① ②	0.35 0.29	110.3 91.4	18.9
深層	16	13.9	① ②	0.38 0.31	5.3 4.3	1.0
計						21.7

として，3つの海域における種数の絶滅率 $1-S/S_0$ を40%にて固定した．式(3.12)によると，これは87%の海域面積を改変したことを意味する．このケーススタディーは，リスクをより大きく見積もる立場に立っていると考えることができる．

EFでは沿岸・大陸棚の等価係数を0.36とし，全球上で7.2億ghaと見積もっている (Ecological Footprint Network, 2006)．一方で外洋や深層は生産がないと見なし，等価係数を0としている (Ecological Footprint Network, 2006)．沿岸・大陸棚の世界の生物生産力は全海洋の95%であり，これらから外洋の等価係数を0.0011と強いて見積もることもできる．しかしEFはあくまで経済的活動を対象としているため，この等価係数をERに適応するのは適切ではない．ここではERに関して，生物の種の絶滅に海域による価値の差はないと考え，等価係数を1.0とすることとした．

これらから求めた環境改変面積に表3.5で求めた生起確率を掛け，求めた結果のERを表3.6に示す．

e. 人の健康リスクの算出

HR（人間健康，社会資産に対するリスク）の算出にはLIME（伊坪ほか，2005）を用いた．LIMEではコンジョイント分析によって，人間健康，社会資産，生物多様性，一次生産に対する単位被害量あたりの経済価値が算出されており，ここではそれらによって経済価値に換算された単位排出量あたりの被害額を用いる（表3.7）．

表3.7に示した単位排出量あたりの被害額および表3.2の排出量より，地球温

3.4 Triple I を用いた事例—CO_2 海洋隔離

表 3.7 LIME* による単位量あたりの被害額

被害項目	当該物質	人間健康 (円/kg)	社会資産 (円/kg)	計 (円/kg)
地球温暖化	CO_2 排出	1.19×10^0	5.48×10^{-1}	1.66×10^0
酸 性 化	SO_2 排出	—	6.08×10^1	6.08×10^1
	NO_2 排出	—	4.34×10^1	4.34×10^1
資 源 消 費 (利子 3%)	ボーキサイト	—	4.67×10^{-3}	4.67×10^{-3}
	石炭	—	1.61×10^{-1}	1.61×10^{-1}
	原油	—	3.55×10^0	3.55×10^0
	天然ガス	—	2.11×10^0	2.11×10^0
光化学オキシダント	VOC 排出 (平均)	6.78×10^1	2.72×10^1	9.50×10^1

*伊坪ほか (2005)

暖化の HR は隔離する CO_2 量から排出量を引いて -4.5×10^{13} 円となる.

SO_2, NO_2 排出量より, それぞれの物質による被害額は 1.6×10^{10} 円, 5.2×10^{11} 円であるから, 酸性化の HR は 5.4×10^{11} 円となる. なおここでの酸性化とは, 酸性雨の効果も含んだ SO_x, NO_x などが沈着して土壌などが酸性化することを意味する.

資源消費の HR は, 表 3.7 の単位消費量あたりの被害額および表 3.1 の資源消費量より, 利子率 3% のとき 2.6×10^{12} 円となる. 光化学オキシダントの HR は, 表 3.2 の VOC 排出量より 5.2×10^3 円となる.

最終的に LCA の結果と LIME により, 地球温暖化, 酸性化, 資源消費, 光化学オキシダントの人間健康と社会資産リスク ΔHR は -4.2×10^{13} 円/yr となる.

f. $C-B$ の算出

年間平均隔離量 3.3×10^{10} t-CO_2/yr から, CO_2 海洋隔離のコストとベネフィットを求める. CO_2 海洋隔離の単位隔離量あたりのコストは RITE によると 7959 円/t-CO_2 である. また隔離によって削減された (大気中に放出されなかった) CO_2 量をそのまま排出権として売却した価格の合計をベネフィットとして考えるので, CO_2 の排出権取引が行われている EU の 2006 年の市場価格を参考に, 14 ユーロ (2310 円)/t-CO_2 (為替レートは 2006 年平均) を採用した. この結果, コスト-ベネフィットである $\Delta(C-B)$ は, 5649 円/t-CO_2 であり, 年間隔離量を乗じると, 1.9×10^{14} 円/yr となる.

g. Triple I の算出

以上から，種の絶滅率を 40% としたケーススタディーの場合の Triple I を求めると，表3.8のようになる．ここで $\Sigma EF/\Sigma GDP$ は，2006年の世界全体の EF と GDP を積算し 2.8×10^{-6} gha・yr/円 とした（為替レートは2007年1月29日時点）．Triple I を図示したのが図3.6である．CO_2 海洋隔離の Triple I の項でいちばん大きな値を占めているのは ΔEF であることがわかる．また Triple I の値は負になっているので，この場合 CO_2 海洋隔離は有効な技術であるとの判断が可能になる．

ΔEF 中でいちばん大きな要素を占めるのは CO_2 の EF である．一般に EF の計算において，CO_2 が大きな要素となり，他の要素が過小評価されることが多く見受けられる．これは EF 自身の課題といえよう．

表3.8 Triple I の算出

	円/yr	gha
ΔEF	—	-6.9×10^9
ΔER	—	-2.2×10^9
ΔHR	-4.2×10^{13}	-1.2×10^8
$\Delta(C-B)$	$+1.9\times10^{14}$	$+5.2\times10^8$
Triple I	—	-8.7×10^9

図3.6 二酸化炭素海洋隔離の Triple I

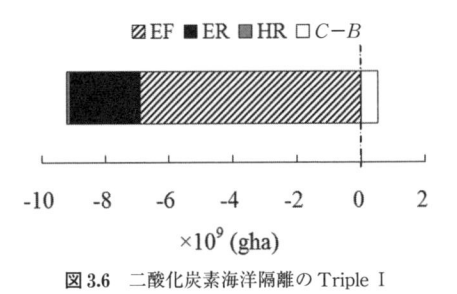

3.4.4 まとめ

ここでは，2つのシナリオをもとに，専門家アンケート結果を確率的手法を用いて解析し，リスクのエンドポイントである種の絶滅確率を求め，さらに SAR を用いてハザードを定量化することで，これまで算定化が困難とされてきた ER

をフットプリントとして表現し，Triple I を算定することを試みた．この結果，温暖化に関して何も対処せずに大気中の CO_2 濃度が 1000 ppm となった場合の海洋表層酸性化のリスクに対し，CO_2 海洋隔離による深海生態系へのリスクやコストを考慮しても，大気中 CO_2 濃度を 550 ppm に抑えた場合の Triple I は負値となった．したがって，海洋隔離をしても大気中濃度は 550 ppm に抑えるべきという判断を支持する．また，この過程において興味深かったのは，専門家は大気中 CO_2 濃度が 1000 ppm となった場合の深海の ER の方が，海洋隔離による深海の ER より大きいと考えている点である．

Triple I の中身をみると，隔離した分の CO_2 による ΔEF が最も大きな割合を占め，次に ΔER が大きいことがわかる．ただし，一般に EF に対する批判として，エネルギーフットプリントを大きく見積もる傾向があることがいわれており，EF が CO_2 を多く排出する技術を大きく見積もれば見積もるほど，CO_2 を削減する技術は Triple I では「実施すべき」という評価に傾くこととなる．今後の検討課題であろう．

［佐藤　徹］

4 海洋観測と環境

4.1 海中ロボットによる新たな海中観測

4.1.1 船からの観測

　海面や海面より上の大気の状態，海中や海底あるいはその下の地球の中がどのようになっているかを理解することは，地球環境を考えるために非常に重要である．このためにはまず現場に乗り出すことが必要である．その第一ステップが水上船舶からの観測である．

a. 海洋調査船

　海洋調査船は，水面にいて海面の波や風，潮の状況の調査はもちろん，計測機器を搭載した気球を上げて海面より上の大気の状況調査を行う．また海面から下に向けてさまざまな機材を下ろし，海水や生物ほかいろいろな試料を採集し，分析する．また水中音響を活用して海底の起伏状況を探るほか，海中の潮の流れも把握・調査する．図 4.1 に代表的な海洋調査項目を示す．

日本の海洋調査船
日本で海洋調査を精力的に実施している機関として，次があげられる．
① 海上保安庁
② 気象庁
③ 水産庁
④ （独）海洋研究開発機構
⑤ （独）水産総合研究センター

表 4.1 にこれら 5 機関が運用する主要な海洋調査船を示す．

4.1 海中ロボットによる新たな海中観測　　　　75

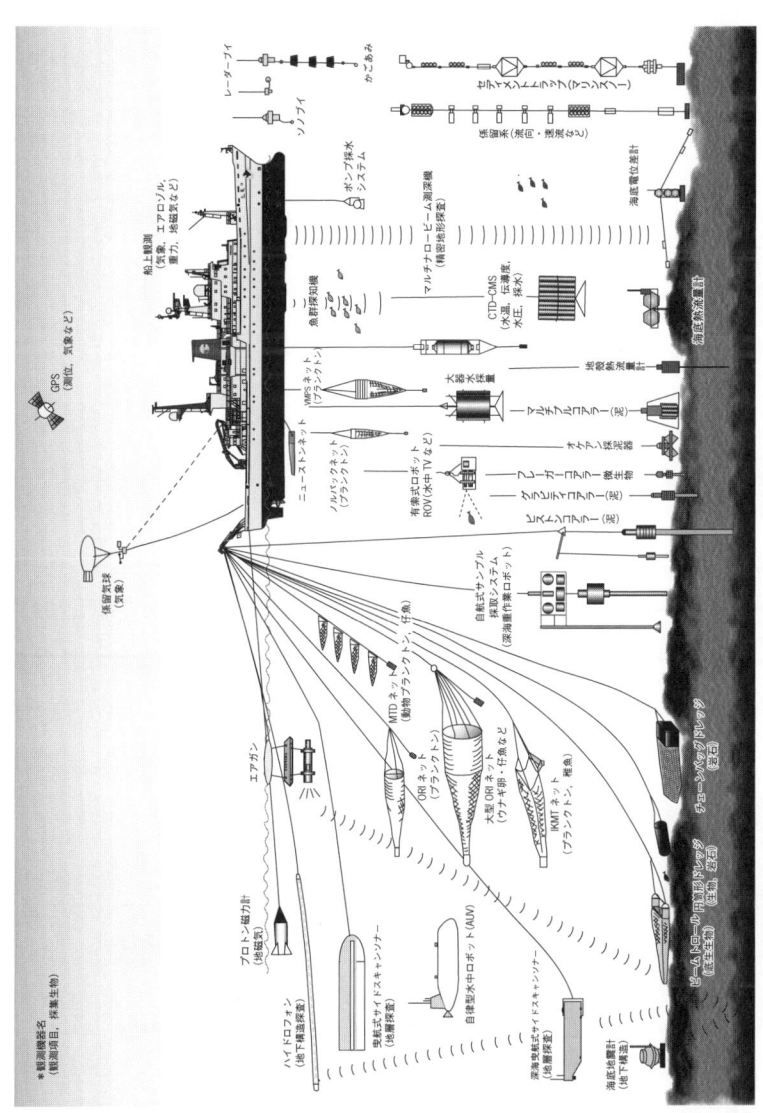

図 4.1　海洋調査船によるいろいろな海洋調査（東京大学大気海洋研究所提供）

表 4.1　日本の主要 5 機関の主要海洋調査船
（各欄左：船名，右：総トン数 GT）

海上保安庁		気象庁	
拓洋	2400	啓風丸	1483
昭洋	3000	凌風丸	1380
明洋	550	高風丸	487
天洋	430	清風丸	484
海洋	550	長風丸	480
水産庁		海洋研究開発機構	
開洋丸	2630	なつしま	1739*
照洋丸	2214	かいよう	3350*
水産総合研究センター		よこすか	4439*
		かいれい	4517*
若鷹丸	692	みらい	8687*
俊鷹丸	887	ちきゅう	56752*
蒼鷹丸	892	白鳳丸	3991*
陽光丸	690	淡青丸	610*

*印は国際総トン数

表 4.2　世界の主な海洋調査船

国名	船名	国際総トン数
米国	Atlantis	3510
ドイツ	Polarstern	17300
フランス	L'Atalante	3559
イギリス	JamesCook	5800
中国	大洋 1 号	5600

世界の海洋調査船

世界の主要な国々も海洋調査に力を入れており，それぞれが海洋調査船を有している．表 4.2 に代表的な海洋調査船を示す．

b. 海洋調査船の留意点

海洋調査船は港を出発して大海原を航走し，目的とする海域で所定の観測を行う．職住合体の理想体制ではあるが，船特有の留意点として次の 3 点があげられる．

① 慣れない研究者にとっては船酔いで非常に厳しい日々を過ごさなければならない．また予定日数すべてが調査に費やされることはまれで，荒天待機になることもしばしばである．

② 海洋調査船の速力はおおむね 15 ノット（時速約 28 km）前後であり，緊急の用が生じてもすぐには港に戻れない．例えば東京～八丈島は片道 287 km で 10 時間強かかり，東京～サンチアゴ（チリ）は最短（大圏航路）でも片道 17250 km で 25 日と 16 時間かかる．

③ いずれは技術開発で解決するであろうが現在のところ通信が脆弱であり，

陸と同じようなブロードバンドの通信はできない．

　もう一つの問題として，海洋調査船の数そのものが利用希望者数に比して少ないという点があげられる．このために使用枠獲得を目指して激しい競争になってしまう．海洋研究開発機構が運用する海洋調査船の場合，全国公募で翌年度分の利用申請を毎年7月にまとめ，9月に審査して採択・不採択を決定している．

　利用できる海洋調査船の数を実質的に増やす手法として全国の水産系の大学や高校，あるいは地方自治体が有する漁業調査船・訓練船を活用することも模索されている．

4.1.2　潜水プラットフォームの概要 (浦・高川，1997；高川，2010)

　前述の海洋調査船は海面から調査を行うが，海中や海底の詳細な様子はなかなかつかみにくい．やはり実際に潜って現場に行くことが求められる．

　しかし，人間が生身の体に水圧を受けながら潜水する方式では，スキューバ潜水は水深50 m ぐらいまで潜水するのが限度であり，ヘリウム・酸素混合ガスを呼吸する飽和潜水は300～400 m が限度である．

　人間が現場の水圧を受けずに調査できる潜水プラットフォームには，水圧を遮蔽する強固な耐圧殻の中に人間が入って潜航・調査する方式である有人潜水艇方式がある．また，操縦する人間は水面上にいて遠隔操縦で水中のロボットを思うように動かす有索遠隔操縦方式がある．後者は一般にはROV（Remotely Operated Vehicle）とよばれる．

　この2つの方式は人間が直接操縦に関与するものであるが，近年世界中で急速に開発が進められている潜水プラットフォームは，人工知能を搭載してこの知能が周囲の状況を観察・判断し，行動する方式であり，自律型海中ロボット（AUV：Autonomous Underwater Vehicle）とよばれる．人間は潜航前にこのロボットに行動を指示（入力）するだけで，後はロボットが自ら判断して行動する潜水プラットフォームである．

　現在は，この3種類の潜水プラットフォームが併存しながら海洋調査が進められている．

a.　有人潜水艇

　水圧を遮蔽し中を大気圧に保った耐圧殻に人間が乗り込んで水中に潜航する有

図 4.2 2本のロープで吊上げられて揚収される深海有人潜水船「しんかい6500」（海洋研究開発機構提供）

人潜水艇は，すでに1960年に世界で最も深いマリアナ海溝チャレンジャー海淵（水深10911 m）に潜航している（米国「トリエステ1号」）．現在運航中で最も深く潜航できるのは日本の「しんかい6500」（最大潜航深度6500 m．図4.2）である．

限られたエネルギー源を自装しているので，大水深で効率のよい調査活動に向けてすべてのものを小型軽量に抑え込んでいる．耐圧殻は内直径2 m前後の球形で，この中に2～3名の乗員が乗り込むのが一般的である．耐圧窓を通して深海の様子を目の当たりにみることができ，エキサイティングで観測効率もよいとされる（Kohanowich, 2010）．

なお，2012年3月26日には新たに開発された一人乗り潜水艇Deepsea Challengerがマリアナ海溝最深部に潜航し，また2012年6月24日には中国の3人乗り7000 m潜水艇「蛟龍」が7015 mの試験潜航に成功している．運用に向けた体制の整備が進められることになる．

b. 有索遠隔操縦機（ROV）

窓のついた耐圧容器にテレビカメラを収納し，この容器に推進装置を取り付けて遠隔操縦で海中・海底を観察する目玉ロボットがこのROVの原点である．米国の海洋石油業界で事故対応に活躍したことから注目を浴び，性能がどんどん向上して眼だけではなく手（マニピュレーター）も取り付けられ，海底に設置された重機器の操作もできるようになった．人間がテレビカメラ越しにリアルタイムで視認しながら操作するので，遠隔操縦という違和感はほとんどなく，正確で微妙な操作も可能である．

図 4.3 ROV ハイパードルフィン（海洋研究開発機構提供）
いろいろな採集装置が装備される．

図 4.4 カメラロボット「ピカソ」（海洋研究開発機構提供）
細径ケーブル式 ROV で高画質 TV カメラを正面装備している．

海面の支援設備と ROV とがケーブルでつながっていて電力が供給され，大馬力のものが可能である．ROV の運動性能は ROV だけでは決まらず，ケーブルの流体抵抗などの影響を加味しておく必要がある．

近年はエネルギー源を自装させ，画像を含む信号の伝送のみを細い光ファイバーをつないで行う細径ケーブル方式も用いられるようになってきている．この場合は，細径ケーブルは ROV や支援設備の移動とともに双方から繰り出されるため，ROV はケーブルの影響を受けずに航走することができる特徴を有するが，一方でエネルギーが有限であるために観察・撮影が主体となり，作業をするにしても軽作業止まりとなる．

ROV は，1995 年に通常のケーブル方式の日本の「かいこう」が世界最深部に到達し，2009 年には米国の ROV「ネレウス（Nereus）」が細径ケーブル方式で世界最深部に到達している（注：「ネレウス」は細径ケーブル方式で ROV にもなれるし，ケーブルをはずして後述の AUV としての運用も可能であるため，Hybrid ROV＝HROV ともよばれる（Fletcher *et al.*, 2008））．

図 4.3 に海洋研究開発機構が運用する ROV「ハイパードルフィン」（最大潜航深度 3000 m）を，図 4.4 に同機構が開発・運用する細径ケーブル式の ROV「ピカソ」（最大潜航深度 1000 m）を示す．

c. 自律型海中ロボット（AUV）

上記 2 種類の潜水プラットフォームは，いずれも人間がその場であるいは遠隔で直接操縦する形式である．このことはすなわち，海中・海底の対象物への即応

表 4.3 潜水プラットフォームの特徴の比較

	有人潜水艇	ROV	AUV
テザーケーブル[*1]	なし	あり	なし
電力源	あり	なし	あり
通信	頻繁に音響通信	ケーブルでリアルタイムに相互通信	帰還時のみ通信で浮上位置確認
位置計測	常時	常時	任意
運転	乗り込んだ操縦者	遠隔操縦者	人工知能
観察能力	詳細かつリアルタイムで認識	詳細かつリアルタイムで認識	その場で詳細認識は困難[*2]
観察面積	ほぼポイント	ほぼポイント	広範囲が可能
潜航時間	乗員の生理現象が支配的	交代要員がいれば延長可能	電力が続く範囲内で可能
備考	──	──	操縦者と同じ思考過程を人工知能にさせて詳細認識する研究が進行中

[*1]:支援船と潜水プラットフォームをつなぐケーブル．送電ならびに信号授受を賄う．
[*2]:記録されたカメラ映像などからオフラインで詳細解析することは可能．

性がとれる半面，人命の安全の確保とケーブルの取り扱いの困難さが大きな課題となっている．また，潜水プラットフォームが稼働中のときは，操縦者はこの潜水プラットフォームに張り付いていて，他の作業には参加できないことを意味する．

これに対して AUV はいったん海に入れてしまえばあとは自ら搭載している人工知能とエネルギーによって行動するので，「自由な」行動が可能となる．

AUV の特徴を有人潜水艇や ROV と比較すると表 4.3 のようになる．
表 4.3 を踏まえ，AUV の利点と欠点は以下のようにいえる．

① ケーブルでつながっていないことから，ケーブルに束縛されることなく自由に動ける．

このことは有人潜水艇と類似であるが，有人潜水艇は頻繁に支援母船と通信をしていて支援母船から遠くに行くことはない．これに対して AUV は潜航中は，あらかじめ指定された作業を黙々と実施するので，支援母船とはかかわりなしに遠方まで航走できる．

② 支援船は小型でよい．

有人潜水艇は，乗員を水圧から保護するための耐圧殻が大きいために使用する支援船も大きなものにならざるをえない．高機能のROVも大きなケーブル関係機器が必要となるために大きな支援船が必要である．これに対してAUVの展開に必要な船上装置は小さくできるので，支援船も小さくてよい．

③ 司令塔である人工知能の柔軟性とその成長が決め手

一口にロボットといっても，工場の製造ラインに配置されたロボットは作業工程で予定された事象にしか出会わないため，単純なプログラムで動かすことができるし，何か異常が生じた場合，停止すれば直ちに監督者が飛んできて対応できる．しかし現実の自然環境である海中で航走する場合，遭遇する事象をあらかじめすべて想定しておくことは不可能である．そして予想外の事象にロボットが戸惑っていると，監督者がすぐ横にいてこのロボットを確保しないかぎり，どこかに流されて行方不明となる．

監督者が横に常にいては，これはちょうど子離れできない親がいつも子供の近くで監視しているようなもので，親も本来の仕事ができないし子供も成長できない．子供が成長するためには，親は監視役ではなく，子供を教育して諸事象に柔軟に対応できる知能を植え付ける努力が求められる．

この知能は，現場である事象に遭遇したら人間はどのように行動するかという思考過程をプログラム化し，ロボットに移植していくことになる．このプログラムが人工知能とよばれる．ロボットが有する飽くことなく反復動作を続行する機能とデジタルデータとして大量の情報を保存できる機能をうまく活用することはいうまでもない．むしろ重要なのは，プログラム化する設計者が実際の海という現場で何が生ずるかしっかり認識していることである．開発された一つ一つの機能はプールでの試験を経て実際の海で何度も試され，確実に機能するよう作り上げていく（育て上げていく）ことが不可欠である．実験室内プールに留まっていては実際の海ではほとんど役に立たない事態に陥る．

一つ一つの動作に関するプログラムをこのようにして移植していくことで，ロボットは次第に成長していく．

従来は，人工知能を設けた海中ロボットは海底上数十mの高度を航走するのが精いっぱいと思われていたが，今や自ら海底の地形を観察して着底できる場所を見出し，着底して海底でサンプリングする機能を付与する研究が行われるようになってきている．

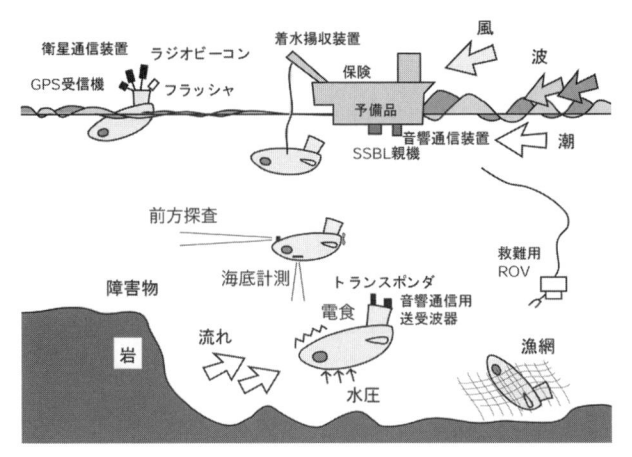

図 4.5 AUV を取り巻く危険（航法用装備品も示す）

　しかしそうはいっても，実際に何が起こるかわからないのが海である．想定外水深への潜航による圧壊や，着水・揚収作業時に水面で波に叩かれることによる破損から始まり，漁網やロープに絡んで動けなくなる，想定外の強い潮流によって予想外の場所まで流されて通信不能，電蝕によって機器・センサーが作動不良となって身動きがとれなくなる，オーバーハング（上方に天井のように張り出した地形）に迷い込んで抜け出せなくなるといった事態（図 4.5）は，有人潜水艇も含めて過去に実際に発生している．有人潜水艇であれば乗員が冷静に事態を把握し，支援母船と連携して最適な脱出ルートを探るが，まだ発展途上にある人工知能を搭載している AUV ではなかなか対応できない．動けなくなった位置がわかっていれば別途救難用の ROV が出動して回収することになる．行方不明になったときは対処のしようがない．行方不明になる事態だけは何としても避けたいため，水中にあっては音響トランスポンダや音響通信用送受波器を，水面に浮かんでいる場合には衛星通信装置などで位置が確認でき，確実に艇体が確保できるよう安全が担保される．

4.1.3　航行型海中ロボットの活躍

　航行型海中ロボットとは，調査船に乗った研究者に代わって広大な海域を自律的に調査することを目的とし，長距離の航走能力を有するロボットである．多くの国で研究開発が進められており，海外ではノルウェーの「ヒューギン

(Hugin)」やカナダの「テセウス（Theseus）」，米国の「レーマス（Remus）」や「ブルーフィン（BlueFin）」などがある．日本は，東京大学や海洋研究開発機構で研究が進められている．これらは多くの場合，下記の特徴を有する．

① 長距離航走を前提としていて，艇体は全長が数 m あり，速力は 2～3 ノットは出る．
② 航走中の海底との衝突を避けるために，高度保持機能により海底から数十 m～100 m 程度の高度を航走し，海底をサイドスキャンソーナーで調査する機能を有することが多い．このような AUV は後に述べる「ホバリング型」に対応させて「航行型」とよばれる．

a. r2D4 の概要

r2D4（アールツーディーフォー）は東京大学が 2003 年に開発した航行型の海中ロボットである．前身であるアールワン・ロボット（R-One Robot）の後継機として，その実績と成果をもとに，深海における熱水地帯や熱水鉱床などの観測調査を目的とし設計された．最大潜航深度は 4000 m とアールワン・ロボットの約 10 倍の深度であるが，空中重量は約 1/3 となっている．このロボットの特徴は，ペイロードスペースに CTDO（塩分濃度・水温・深度・溶存酸素濃度計），3 成分地磁気計，現場型化学分析装置など多くの観測装置を搭載している点である．ペイロードに搭載されたセンサー類の値は専用のコンピュータでチェックし，環境特異点を検出した場合はあらかじめ設定したいくつかの航行パターンにより詳細な

図 4.6　AUV r2D4

表 4.4　AUV r2D4 とその主要目, 装備品など

主目的	海底熱水地帯調査		
主船体	LBD 4.6×1.1×0.81 m	進水	2003 年 7 月
空中重量	約 1600 kg	最大潜航深度	4000 m
推進器	1 kW×1, 0.4 kW×2	速力	3 ノット
CPU	PowerPC750 233 MHz, NS Geode 300 MHz		
センサー	INS(FOG), ドップラー式速度計, 深度計, GPS, 測距センサ, インターフェロメトリー式サイドスキャンソーナー, CCD カメラ		
通信装置	超音波リンク, Orbcomm, 無線 LAN		
電池	37.5 V リチウムイオン電池 100 AH×4		

調査を自律的に行うよう計画されている.

　ちなみに名前の由来は, 中央海嶺を意味する Ridge から「R」, その 2 番機であり, 小型化されているので小文字で r2 とし, さらに最大潜航深度を 4000 m にしたことから D4 (Depth 4000 m) をつけている.

b.　r2D4 の活躍

　r2D4 は 2003 年 7 月の竣工以降, さまざまな試験を経て実海域での調査潜航を繰り返し行ってきている. その調査海域は日本近海にとどまらず, 遠くインド洋でも行われている.

　図 4.7 に示すのは, 2006 年 12 月に行われたインド洋ドードー溶岩大平原での潜航で得られたサイドスキャンソーナーのイメージであるが, この場所は溶岩が噴出してできた大平原が水深約 2700 m の海底に広がっており, そこに亀裂が多く走っていることを見出した. これにより多くの地質学者・地球物理学者がこの付近を集中的に研究するようになった. ちなみに「ドードー」とはモーリシャスの国鳥の名前であり, この溶岩大平原が発見されてから命名された.

　図 4.8 は伊豆小笠原諸島のベヨネース海丘での潜航の様子を示している. ベヨネース海丘はベヨネース裂岩から西南西へ約 20 km の位置にあり, 頂上の水深が約 700 m の海中の丘で, 熱水鉱床があることがわかっている. このような起伏の多い場所での潜航では海底からの高度を一定にした高度保持航法が用いられるが, r2D4 の潜航でもこの図の右に示すように海底の起伏に応じて r2D4 の深

朝倉書店〈環境科学関連書〉ご案内

野生動物保護の事典

野生生物保護学会編
B5判 792頁 定価29400円（本体28000円）（18032-9）

地球環境問題，生物多様性保全，野生動物保護への関心は専門家だけでなく，一般の人々にもますます高まっている。生態系の中で野生動物と共存し，地球環境の保全を目指すために必要な知識を与えることを企図し，この一冊で日本の野生動物保護の現状を知ることができる必携の書。〔内容〕I：総論（希少種保全のための理論と実践／傷病鳥獣の保護／放鳥と遺伝子汚染／河口堰／他）II：各論（陸棲・海棲哺乳類／鳥類／両生・爬虫類／淡水魚）III：特論（北海道／東北／関東／他）

水環境ハンドブック

日本水環境学会編
B5判 760頁 定価33600円（本体32000円）（26149-3）

水環境を「場」「技」「物」「知」の観点から幅広くとらえ，水環境の保全・創造に役立つ情報を一冊にまとめた。〔目次〕「場」河川／湖沼／湿地／沿岸海域・海洋／地下水・土壌／水辺・親水空間。「技」浄水処理／下水・し尿処理／排出源対策・排水処理（工業系・埋立浸出水）／排出源対策・排水処理（農業系）／用水処理／直接浄化。「物」有害化学物質／水界生物／健康関連微生物。「知」化学分析／バイオアッセイ／分子生物学的手法／教育／アセスメント／計画管理・政策。付録

環境緑化の事典（普及版）

日本緑化工学会編
B5判 496頁 定価14700円（本体14000円）（18037-4）

21世紀は環境の世紀といわれており，急速に悪化している地球環境を改善するために，緑化に期待される役割はきわめて大きい。特に近年，都市の緑化，乾燥地緑化，生態系保存緑化など新たな技術課題が山積しており，それに対する技術の蓄積も大きなものとなっている。本書は，緑化工学に関するすべてを基礎から実際まで必要なデータや事例を用いて詳しく解説する。〔内容〕緑化の機能／植物の生育基盤／都市緑化／環境林緑化／生態系管理修復／熱帯林／緑化における評価法／他

水の事典

太田猛彦・住 明正・池淵周一・田渕俊雄・眞柄泰基・松尾友和・大塚柳太郎編
A5判 576頁 定価21000円（本体20000円）（18015-2）

水は様々な物質の中で最も身近で重要なものである。その多様な側面を様々な角度から解説する，学問的かつ実用的な情報を満載した初の総合事典。〔内容〕水と自然（水の性質・地球の水・大気の水・海洋の水・河川と湖沼・地下水・土壌と水・植物と水・生態系と水）／水と社会（水資源・農業と水・水産業・水と工業・都市と水システム・水と交通・水と災害・水質と汚染・水と環境保全・水と法制度）／水と人間（水と人体・水と健康・生活と水・文明と水）

環境リスクマネジメントハンドブック

中西準子・蒲生昌志・岸本充生・宮本健一編
A5判 584頁 定価18900円（本体18000円）（18014-5）

今日の自然と人間社会がさらされている環境リスクをいかにして発見し，測定し，管理するか──多様なアプローチから最新の手法を用いて解説。〔内容〕人の健康影響／野生生物の異変／PRTR／発生源を見つける／in vivo試験／QSAR／環境中濃度評価／曝露量評価／疫学調査／動物試験／発ガンリスク／健康影響指標／生態リスク評価／不確実性／等リスク原則／費用効果分析／自動車排ガス対策／ダイオキシン対策／経済的インセンティブ／環境会計／LCA／政策評価／他

図説 日本の山 ―自然が素晴らしい山50選―
小泉武栄編
B5判 176頁 定価4200円（本体4000円）(16349-0)

日本全国の53山を厳選しオールカラー解説〔内容〕総説／利尻岳／暑寒別岳／早池峰山／鳥海山／磐梯山／巻機山／妙高山／金北山／瑞牆山／縞枯山／天上山／日本アルプス／大峰山／三瓶山／大満寺山／阿蘇山／大崩岳／宮之浦岳他

図説 日本の河川
小倉紀雄・島谷幸宏・谷田一三編
B5判 176頁 定価4515円（本体4300円）(18033-6)

日本全国の53河川を厳選しオールカラーで解説〔内容〕総説／標津川／釧路川／岩木川／奥入瀬川／利根川／多摩川／信濃川／黒部川／柿田川／木曽川／鴨川／紀ノ川／淀川／斐伊川／太田川／吉野川／四万十川／筑後川／屋久島／沖縄／他

身近な水の環境科学
日本陸水学会東海支部編
A5判 176頁 定価2730円（本体2600円）(18023-7)

川・海・湖など、私たちに身近な「水辺」をテーマに生態系や物質循環の仕組みをひもとき、環境問題に対峙する基礎力を養う好テキスト。〔内容〕川（上流から下流へ）／湖とダム／地下水／都市・水田の水循環／干潟と内湾／環境問題と市民調査

生息地復元のための野生動物学
M.L.モリソン著 梶 光一他監訳
B5判 152頁 定価4515円（本体4300円）(18029-9)

地域環境を復元することにより、その地域では絶滅した野生動物を再導入し、本来の生態を取りもどす「生態復元学」に関する初の技術書。〔内容〕歴史的評価／研究設計の手引き／モニタリングの基礎／サンプリングの方法／保護区の設計／他

里山・里海 ―自然の恵みと人々の暮らし
国連大学高等研究所日本の里山・里海評価委員会編
B5判 216頁 定価4515円（本体4300円）(18035-0)

国連大学高等研究所主宰「日本の里山・里海評価」(JSSA)プロジェクトによる現状評価を解説。国内6地域総勢180名が結集して執筆。〔内容〕評価の目的・焦点／概念的枠組み／現状と変化の要因／問題と変化への対応／将来／結論／地域クラスター

HEP入門 ―〈ハビタット評価手続き〉マニュアル―（新装版）
田中 章著
A5判 244頁 定価3990円（本体3800円）(18036-7)

公害防止管理者試験・水質編では、BODに関する計算問題が出題されるが、これは簡単な微分方程式を解く問題である。この種の例題を随所に挿入した"数学苦手"のための環境数学入門書。〔内容〕指数関数／対数関数／微分／積分／微分方程式

ランドスケープエコロジー
武内和彦著
A5判 260頁 定価4410円（本体4200円）(18027-5)

農村計画学会賞受賞作『地域の生態学』の改訂版。〔内容〕生態学的地域区分と地域環境システム／人間による地域環境の変化／地球規模の土地荒廃とその防止策／里山と農村生態系の保全／都市と国土の生態系再生／保全・開発生態学と環境計画

国際共生社会学
東洋大学国際共生社会研究センター編
A5判 192頁 定価2940円（本体2800円）(18031-2)

国際共生社会の実現に向けて具体例を提示。〔内容〕水との共生／コミュニティ開発／多民族共生社会／共生社会のモデリング／地域の安定化／生物多様性とエコシステム／旅行業の課題／交通政策と鉄道改革／エンパワーメント／タイの町作り

国際環境共生学
東洋大学国際共生社会研究センター編
A5判 176頁 定価2835円（本体2700円）(18022-0)

好評の「環境共生社会学」に続いて環境と交通・観光の側面を提示。〔内容〕エコツーリズム／エココンビナート／持続可能な交通／共生社会のための安全・危機管理／環境アセスメント／地域計画の提案／コミュニティネットワーク／観光開発

環境共生社会学
東洋大学国際共生社会研究センター編
A5判 200頁 定価2940円（本体2800円）(18019-0)

環境との共生をアジアと日本の都市問題から考察。〔内容〕文明の発展と21世紀の課題／アジア大都市定住環境の様相／環境共生都市の条件／社会経済開発における共生要素の評価／米英主導の構造調整と途上国の共生／環境問題と環境教育／他

国際開発と環境 ―アジアの内発的発展のために
東洋大学国際共生社会研究センター監修
A5判 168頁 定価2835円（本体2700円）(18039-8)

アジアの発展と共生を目指して具体的コラムも豊富に交えて提言する。〔内容〕国際開発と環境／社会学から見た内発的発展／経済学から見た～／環境工学から見た～／行政学から見た～／地域開発学から見た～／観光学から見た～／各種コラム

図説 生態系の環境
浅枝 隆編著
A5判 192頁 定価2940円（本体2800円）（18034-3）

本文と図を効果的に配置し、図を追うだけで理解できるように工夫した教科書。工学系読者にも配慮した記述。〔内容〕生態学および陸水生態系の基礎知識／生息域の特性と開発の影響（湖沼，河川，ダム，汽水，海岸，里山・水田，道路など）

世界自然環境大百科1 生きている星・地球
大原 隆・大塚柳太郎監訳
A4変判 436頁 定価29400円（本体28000円）（18511-9）

地球の進化に伴う生物圏の歴史・働き（物質，エネルギー，組織化），生物圏における人間の発展や関わりなどを多数のカラーの写真や図表で解説。本シリーズのテーマ全般にわたる基本となる記述が各地域へ誘う。ユネスコMAB計画の共同出版。

世界自然環境大百科3 サバンナ
大澤雅彦総監訳／岩城英夫監訳
A4変判 500頁 定価29400円（本体28000円）（18513-3）

ライオン・ゾウ・サイなどの野生動物の宝庫であるとともに環境の危機に直面するサバンナの姿を多数のカラー図版で紹介。さらに人類起源の地サバンナに住む多様な人々の暮らし，動植物との関わり，環境問題，保護地域と生物圏保存を解説

世界自然環境大百科6 亜熱帯・暖温帯多雨林
大澤雅彦監訳
A4変判 436頁 定価29400円（本体28000円）（18516-4）

日本の気候にもっとも近い世界の亜熱帯多雨林地域のバイオーム，土壌などを紹介し、動植物の生活などをカラー図版で解説。そして世界各地における人間の定住，動植物資源の利用を管理や環境問題をからめながら保護区と生物圏保存地域までを詳述

世界自然環境大百科7 温帯落葉樹林
奥富 清監訳
A4変判 456頁 定価29400円（本体28000円）（18517-1）

世界に分布する落葉樹林の温暖な環境、気候・植物・動物，河川や湖沼の生命などについてカラー図版を用いてくわしく解説。またヨーロッパ大陸の人類集団を中心に紹介しながら動植物との関わりや環境問題，生物圏保存地域などについて詳述

シリーズ〈緑地環境学〉1 緑地環境のモニタリングと評価
恒川篤史著
A5判 264頁 定価4830円（本体4600円）（18501-0）

"保全情報学"の主要な技術要素を駆使した緑地環境のモニタリング・評価を平易に示す。〔内容〕緑地環境のモニタリングと評価とは／GISによる緑地環境の評価／リモートセンシングによる緑地環境のモニタリング／緑地環境のモデルと指標

シリーズ〈緑地環境学〉3 郊外の緑地環境学
横張 真・渡辺貴史編著
A5判 288頁 定価4515円（本体4300円）（18503-4）

「郊外」の場において，緑地はいかなる役割を果たすのかを説く。〔内容〕郊外／郊外とはどのような空間か？／「郊外」のランドスケープの形成／郊外緑地の機能／郊外緑地にかかわる法制度／郊外緑地の未来／文献／ブックガイド

シリーズ〈緑地環境学〉4 都市緑地の創造
平田富士男著
A5判 260頁 定価4515円（本体4300円）（18504-1）

制度面に重点をおいた緑地計画の入門書。〔内容〕「住みよいまち」づくりと「まちのみどり」／都市緑地を保全するためには／確保手法の実際／都市計画制度の概要／マスタープランと上位計画／各種制度ができてきた経緯・歴史／今後の課題

シリーズ〈環境の世界〉〈全6巻〉
東京大学大学院新領域創成科学研究科環境学研究系編集

1. 自然環境学の創る世界
東京大学大学院環境学研究系編
A5判 216頁 定価3675円（本体3500円）（18531-7）

〔内容〕自然環境とは何か／自然環境の実態をとらえる（モニタリング）／自然環境の変動メカニズムをさぐる（生物地球化学的，地質学的アプローチ）／自然環境における生物（生物多様性，生物資源）／都市の世紀（アーバニズム）に向けて／他

2. 環境システム学の創る世界
東京大学大学院環境学研究系編
A5判 192頁 定価3675円（本体3500円）（18532-4）

〔内容〕環境世界創成の戦略／システムでとらえる物質循環（大気，海洋，地圏）／循環型社会の創成（物質代謝，リサイクル）／低炭素社会の創成（CO_2排出削減技術）／システムで学ぶ環境安全（化学物質の環境問題，実験研究の安全構造）

3. 国際協力学の創る世界
東京大学大学院環境学研究系編
A5判 216頁 定価3675円（本体3500円）（18533-1）

〔内容〕環境世界創成の戦略／日本の国際協力（国際援助戦略，ODA政策の歴史的経緯・定量的分析）／資源とガバナンス（経済発展と資源断片化，資源リスク，水配分，流域ガバナンス）／人々の暮らし（ため池，灌漑事業，生活空間，ダム建設）

4. 海洋技術環境学の創る世界
東京大学大学院環境学研究系編
A5判 196頁 定価3675円（本体3500円）（18534-8）

〔内容〕環境の世界／創成の戦略／海洋産業の拡大と人類社会への役割／海洋産業の環境問題／海洋産業の新展開と環境／海洋の環境保全・対策・適応技術開発／海洋観測と環境／海洋音響システム／海洋リモートセンシング／氷海とその利用

環境と健康の事典

牧野国義・佐野武仁・篠原厚子・中井里史・原沢英夫著
A5判 576頁 定価14700円（本体14000円）（18030-5）

環境悪化が人類の健康に及ぼす影響は世界的規模なものから，日常生活に密着したものまで多岐にわたっており，本書は原因等の背景から健康影響，対策まで平易に解説。〔内容〕〔地球環境〕地球温暖化／オゾン層破壊／酸性雨／気象，異常気象〔国内環境〕大気環境／水環境，水資源／音と振動／廃棄物／ダイオキシン，内分泌攪乱化学物質／環境アセスメント／リスクコミュニケーション〔室内環境〕化学物質／アスベスト／微生物／電磁波／住まいの暖かさ，涼しさ／住まいと採光，照明，色彩

環境化学の事典

指宿堯嗣・上路雅子・御園生誠編
A5判 468頁 定価10290円（本体9800円）（18024-4）

化学の立場を通して環境問題をとらえ，これを理解し，解決する，との観点から発想し，約280のキーワードについて環境全般を概観しつつ理解できるよう解説。研究者・技術者・学生さらには一般読者にとって役立つ必携書。〔内容〕地球のシステムと環境問題／資源・エネルギーと環境／大気環境と化学／水・土壌環境と化学／生物環境と化学／生活環境と化学／化学物質の安全性・リスクと化学／環境保全への取組みと化学／グリーンケミストリー／廃棄物とリサイクル

環境考古学ハンドブック

安田喜憲編
A5判 724頁 定価29400円（本体28000円）（18016-9）

遺物や遺跡に焦点を合わせた従来型の考古学と訣別し，発掘により明らかになった成果を基に復元された当時の環境に則して，新たに考古学を再構築しようとする試みの集大成。人間の活動を孤立したものとは考えず，文化・文明に至るまで気候変化を中心とする環境変動と密接に関連していると考える環境考古学によって，過去のみならず，未来にわたる人類文明の帰趨をも占えるであろう。各論で個別のテーマと環境考古学のかかわりを，特論で世界各地の文明について論ずる。

自然保護ハンドブック（新装版）

沼田　眞編
B5判 840頁 定価26250円（本体25000円）（10209-3）

自然保護全般に関する最新の知識と情報を盛り込んだ研究者・実務家双方に役立つハンドブック。データを豊富に織込み，あらゆる場面に対応可能。〔内容〕〈基礎〉自然保護とは／天然記念物／自然公園／保全地域／保安林／保護区／自然遺産／レッドデータ／環境基本法／条約／環境と開発／生態系／自然復元／草地／里山／教育／他〈各論〉森林／草原／砂漠／湖沼／河川／湿原／サンゴ礁／干潟／島嶼／高山域／哺乳類／鳥／両生類／爬虫類／魚類／甲殻類／昆虫／土壌動物／他

ISBN は 978-4-254- を省略

（表示価格は2012年8月現在）

朝倉書店
〒162-8707　東京都新宿区新小川町6-29
電話　直通（03）3260-7631　FAX（03）3260-0180
http://www.asakura.co.jp　eigyo@asakura.co.jp

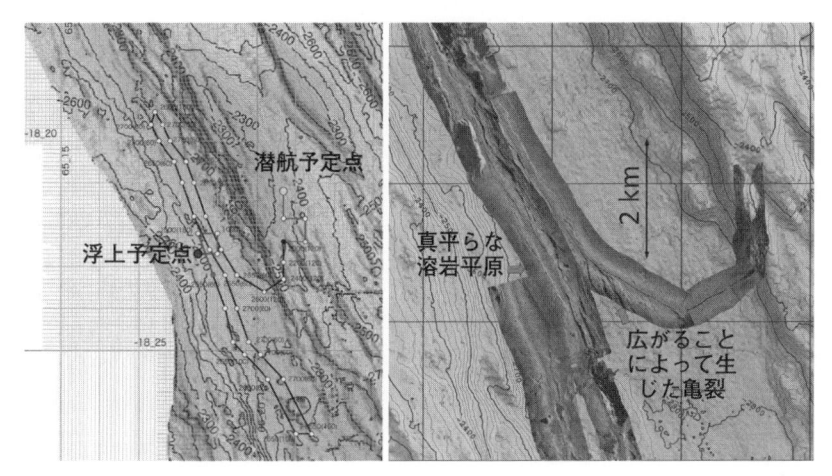

4.1 海中ロボットによる新たな海中観測

図 4.7 2006 年 12 月 19 日に AUV r2D4 が自律潜航してサイドスキャンソーナーで調査したインド洋モーリシャス島沖東北東約 840 km（18°23′S, 65°18′E）付近の海底地形図（左）とサイドスキャンソーナー記録（右）
右図には真っ平らな溶岩大平原と，広がることによって生じた亀裂がくっきりと見て取れる．

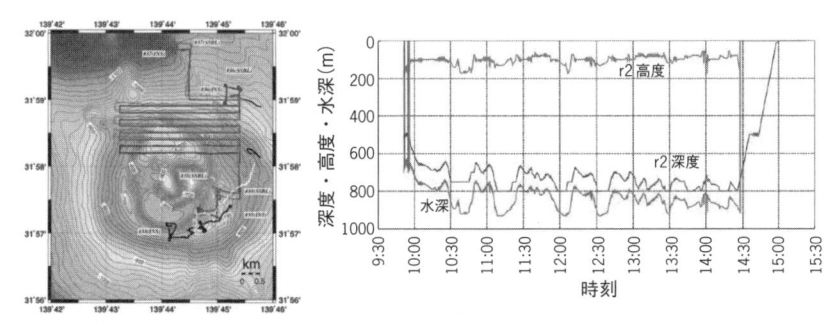

図 4.8 ベヨネース海丘における AUV r2D4 の水平（左）と鉛直（右）潜航航跡
伊豆小笠原海域のベヨネース海丘の地形調査のために 2008 年 3 月 27 日の潜航の際に AUV r2D4 がとった航跡．
矩形状にジグザグ航走（swath 航法）してサイドスキャンソーナーで地形を隈なく把握する．右図はその鉛直航跡で，海底の起伏に沿って高度をほぼ 100 m に保ちながら航走している様子がわかる．

度が変化しており，その差がおおむね 100 m を保持しているのがわかる．一方，水平面での航跡は矩形状のジグザグ航路をとっており，これは swath 航走とよばれていて，適切な測線間隔をもってサイドスキャンソーナーなどで調査すればその領域全面の詳細なイメージが得られる．

4.1.4　ホバリング型海中ロボットの活躍

　ホバリング型海中ロボットは，航行型と異なって海底に接近し，光学的な観察を主体とするロボットである．東京大学浦研究室で集中的に研究開発が行われている．

　主要な観測機能としてまず写真撮影があげられる．おおむね海底からの高度を2m程度とし，swath航走しながら多数の静止画像を撮影していく．終了後にロボットの姿勢や深度/高度などのデータを参照しながらこの多数の写真を継ぎ合わせていくことで，調査海域全体の写真画像が得られる．この操作をモザイキングとよぶが，光学画像であるので，ソーナーデータよりはるかに詳細な図が得られる．

　浦研究室が開発しているホバリング型AUVのもう一つの特徴的な観測機能は，光切断法による海底微細地形の調査である．これは起伏のある立体に扇のように薄くて広い光のビームを当てると，当たったところの外形輪郭線が得られる原理を用いるもので，シートレーザーを海底に照射してそこで得られる海底の輪郭線をテレビカメラで記録しながら航走する方式である．これにより，きわめて詳細な海底地形図が得られるばかりでなく，障害物の回避も確実に行える．

　このような海底付近の調査を行う際に重要なのは，海底の岩などの屹立物体と衝突せずに航走することである．熱水噴出地帯では数mから十数mに及ぶ煙突状の岩（チムニー）が林立している．そこでプロファイリングソーナーやシートレーザーを導入して周辺を観察し，意識的に設置した人工の目標物のほかに，チムニーや鹿児島湾の「たぎり」のような噴出気泡群など自然の観察対象物の位置を記録したうえで，swath航走などの測線上航走による観測を行う機能が設けられている．

　地形調査における写真撮影や光切断法では下向き撮影が主体となるが，これでは観測できない観察対象物も多い．チムニーがその典型であり，オーバーハングも観測できない対象物である．そこで下向き撮影に加えて横向きの撮影機能も付加する研究が行われている．

　また，これらの取得データは基本的にロボットを回収後にオフラインで解析されるのが普通であるが，光切断法で得られる海底の起伏状況データをオンラインで解析して平坦な場所を自ら見つけ，そこに着底して堆積物のサンプリングをす

る機能を植え付ける研究（Sangekar et al., 2010）も進行中である．

a. トライドッグ1号の概要

トライドッグ1号（Tri-Dog 1）（図4.9）は1999年に進水したホバリング型AUVである（Kondo et al., 2001）．さまざまな開発機器を搭載して試験するテストベッドとして開発されたものであり，最大潜航深度は110mと浅いが，6台のスラスターを備えており，前後進，左右進，上下行，方位変更の4自由度を独立に制御することができる．このため，航行型AUVと比べて運動自由度が高く，狭い範囲の詳細観測に向いている．

表4.5 AUV トライドッグ1号とその主要目，装備品など

主機能	ホバリング型海中ロボット			
LBD	2×0.6×0.9 m	進水	1999年	
空中重量	約200 kg	最大潜航深度	110 m	
推進器	100 W×6	速力	1.5ノット	
CPU	Intel Pentium M 1.1 GHz, Pentium 4 2.4 GHz			
センサー	FOG, ドップラー式速度/高度計, 深度計, Roll/Pitch, プロファイリングソーナー, 障害物探知装置×6, カメラ×4, シートレーザー×3			
通信装置	超音波リンク, GPS, 無線LAN			
電池	NiCd 25.2 V 20 AH×4			

図4.9 トライドッグ1号

b. トライドッグ1号の活躍

トライドッグ1号はテストベッドとして開発されたものではあるものの実海域での行動に対応できる頑健性を備えており，2011年10月までに釜石湾（2003～04年），琵琶湖（2005～06年），鹿児島湾（2006年～）において延べ70回，103時間に及ぶ全自動展開に成功している．

釜石防波堤観測

防波堤や橋脚といった人工構造物の光学画像観測は保守点検のために重要であるが，水中では近くまで寄らないと光学画像観測が難しい．このため大きな構造物の全面を観測するには，観測対象との相対的な位置関係をリアルタイムに把握し，観測対象に沿って移動することが求められる．そこでプロファイリングソー

ナーにより，観測対象に対して直接，相対的に位置を求める手法を用いて観測を行っている．

釜石湾口防波堤において 2004 年に行われた観測実験では，トライドッグ 1 号は全自動での防波堤観測に成功し，防波堤ケーソン壁面および根固めブロックの画像マップを構築している（巻ほか，2005）．

鹿児島湾たぎり噴気帯の観測

鹿児島湾奥の錦江湾は，水深が浅く，内湾であることから波は静かで，海底にはたぎり噴気はもちろん，熱水噴出とチムニー，それにハオリムシ群集もあるため，AUV の機能向上のための試験ならびに実際の観測のうえでも非常に好都合な環境の場所である．このため，2006 年より東京大学の海中ロボットはしばしばこの場所で実地試験&観測行動をしている．

一般に自然環境の画像観測を最初に行うためには，人工物観測の場合と異なり既知の目標物を利用できないので，プロファイリングソーナーで検知しやすいよう，鉛直棒状のものを海底に設置してこの人工目標物を基準とする測位手法を用いている．また，発見した目標物の位置・種類に応じて進路を変更するとともに，起伏に富んだ海底を一定高度で追従する航法を用いている．

2007 年 3 月に鹿児島湾たぎり噴気帯で行われた観測実験において，トライド

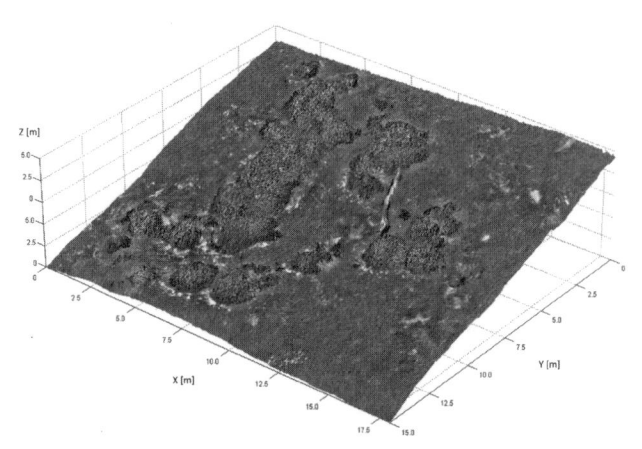

図 4.10 海底の 3 次元画像マッピング結果
鹿児島湾たぎり噴気帯．水深は約 100 m．(18 m×15 m の範囲の中に，サツマハオリムシは高さ数十 cm～1 m のパッチ状のコロニー（図で盛り上がっているようにみえる部分）を形成している．

ッグ1号は全自動の潜航により水深約100 mの海底面に設置された2本の人工目標物を正しく認識し，高度1.2 mで移動しながら約600 m^{2}の画像マッピングを行うことに成功している（巻ほか，2008）．図4.10は2009年の観測により得られた同海域の海底の3次元画像マップであり（巻ほか，2011），本海域固有の生物であるサツマハオリムシの群集がとらえられている．

c. ツナサンドの概要

2007年には新しい機能をもったホバリング型AUVツナサンド（Tuna-Sand）が誕生した．流線形ではないオープンフレーム型であるが，これは取り扱いの容易さを狙ったものであり，かつ頑健性に優れている．また潮流に対抗できる十分な推力をもち，何よりも地形照合機能が付与されている．これは大深度での対象物への接近観測やサンプリングのための十分な測位精度を確保するためのもので，あらかじめ与えられた広域マップ上で自らプロファイリングソーナーをスキャンして得られた地形を照合して位置推定を行う方式である．

d. ツナサンドの活躍

ツナサンドは竣工まもない2007年8月に鹿児島湾若尊カルデラ北西部の水深200 mに潜航し，南北200 m東西50 mの範囲内に熱水の湧出地帯を4か所発見し，またプロファイリングソーナーによって観測領域の海底高度地図も取得して

図4.11 着水直前のAUVツナサンド

表 4.6 AUV ツナサンドとその主要目,装備品など

主機能	ホバリング型海中ロボット		
主船体	LBD 1.1×0.7×0.71 m	進水	2007 年
空中重量	約 240 kg	最大潜航深度	1500 m
推進器	100 W×6	速力	2.5 ノット
CPU	NS Geode GX1-300 MHz×2(主＋通信)		
センサー	INS(FOG),ドップラー式速度計,深度計,GPS,プロファイリングソーナー,障害物探知装置×3,CCDビデオカメラ×3		
照明	LEDライト×3		
電池	NiH 50.4 V 9 AH×4		

図 4.12 メタンハイドレート湧出点に群がるベニズワイガニの大群

いる.

また,2010 年 8 月にはメタンハイドレートが湧出しているとみられる日本海直江津沖の水深約 1000 m の海域で潜航し,メタンハイドレート湧出点付近に大量に群がるベニズワイガニを発見している.このことから,ベニズワイガニはメタンハイドレート湧出点に生息するバクテリアを食べていることがうかがえる.しかしそれ以上に興味深いのは,従来の煌々とした照明の下では逃げるカニしか撮影できなかったが,今回のストロボ撮影ではカニは逃げようとしている様子がみられないことである.図 4.12 は多数撮影した写真のうちの 1 枚であり,カニが逃げようとする様子がないことから,調査領域内のカニの個体数を数えることも可能である.そしてまた,撮影されたカニは足が少ないものが多数みられる.これは共食いがあることを示すと思われる.

このように AUV の投入で技術開発分野への貢献はもちろんであるが,生物学や地質学における重要な発見も多々行われるようになってきている.

4.1.5 熱水鉱床の観測のための自律型海中ロボットの展開

上述のように,AUV は大きく分けて広域の観測に適した航行型と,海底近傍での詳細観測に適したホバリング型の 2 種類に分けられる.さらに,近年は少な

い消費エネルギーで数か月，数千kmもの連続観測を可能とするグライダー型が活躍の場を広げている．ここで重要なことは，目的に応じてAUVを使い分けることである．1台のAUVにいろいろな機能をもたせても，大型かつ複雑になるため使いにくく，結局は何もできないことになりかねない．

観測すべき海洋はきわめて広大であるが，海底熱水噴出域は特異な世界であり，さまざまな面から関心がもたれている．一つはレアメタルを含む産業にとって重要な金属鉱物の宝庫であることであり，またこの熱水に群がる不思議な生物たちの生息域でもあって，科学的にも非常に興味深い場所である．

この熱水鉱床の調査を行うには，具体的には図4.13のようなシステムが考えられる．まずは航行型AUVにより数十kmスケールでサイドスキャンソーナーやマルチビームソーナー，サブボトムプロファイラーなどによる音響探査や，地磁気・重力異常観測を実施し，地形や地下構造，チムニーの有無を確認する．これにグライダー型AUVによる水質計測結果を重ねることで，活動中の熱水地帯の存在可能性を把握する．次にホバリング型AUVにより数kmスケールで画像観測を行い，チムニーの活動状況や熱水作用による変色域の有無，生物分布などを把握する．最後に，着底可能なホバリング型AUVをチムニー周辺の要調査地帯に展開し，岩石の詳しい組成を調べる．

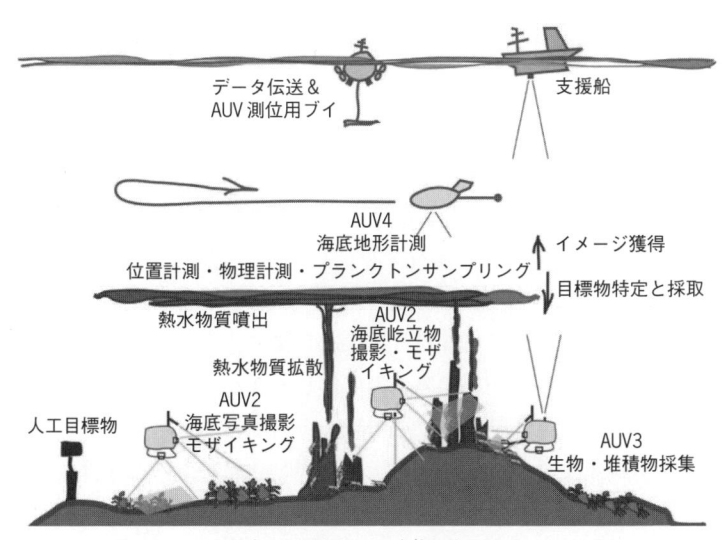

図4.13　熱水鉱床の観測のための自律型海中ロボットの展開

このように，航行型・グライダー型→ホバリング型（画像）→ホバリング型（サンプリング）とスケールをしぼりつつ詳細な観測へと進めていくことで，熱水鉱床の効果的な探査が可能になると期待される．

[浦　環・巻　俊宏・高川真一]

4.2　海洋音響システム

4.2.1　水中の位置を知る音響測位システム

a. 海底音響基準局システム （浅田・矢吹，2001；浅田・矢吹，2000）

東京大学生産技術研究所と海上保安庁水路部では，海上GPS測位と音響測距とを組み合わせた海底地殻変動監視観測を実施するために，これまで長年にわたって研究開発を積み重ねてきた．2002年7月には，三陸沖の水深2300m程度の海底陸側斜面に海底音響基準局システムを設置し，それから9年間観測を続け2011年3月11日の東北地方太平洋地震に伴う海底の地殻変動として水平移動量24mを観測した．

海底音響基準局は，搬送周波数10 kHz，計測信号は255，512，1024ビットM系列（それぞれは1ビットを8，4，2波で形成し，信号幅はいずれも204 ms），前段に102 msの4波255ビットのM系列の識別信号をもつ連続した2個1組の信号を受信し，計測受信信号そのものを1.06172 ms後に返送する方式を採用しているミラー方式トランスポンダーである．耐圧ガラス球1個に組み込んだ小型でありながら，年間12日程度の観測想定で5年から10年の長期観測仕様で設計，製作されており，作動の信頼性のきわめて高い装置である．連続した受信信号を精密に解析し，発信波形のずれ，受信時におけるマルチパスの重畳によるM系列受信信号のパルス圧縮処理におけるゆがみ現象，マルチパスを考慮した最適なパルス圧縮，精密な受信時間計測法，音速構造の時空間変動の把握などを解析し，精密な測地計測手法を開発，実用化してきた．

船上局は船のドリフトと動揺で，送信時と受信時にドップラー効果により信号が伸び縮みする現象を考慮して，往復伝搬時間を計算するのと並行して信号自体からドップラーシフト量も自動検出するようにした．これにより，海面での反射波など誤差要因となる余計なマルチパス波を的確に分離するとともに，理想に近

い良質な相関処理結果を得ることができる．

　正確に地球楕円体モデル（WGS 84）に適合させた1 m層厚の多層海水構造モデルをつくり，精密な地球形状に合わせた音線屈折による音波の伝搬経路を計算するようにした．

　海水中の音速構造は時間とともに変化し，精密な海底測地に及ぼす影響は大きい．このため，複数の測線による全音響測距データを使い，複数の音響基準局の位置と時間とともに変化する音速構造の変化を同時に求める解析手法を開発した．

　GPSアンテナと送受波器の相対座標系とモーションセンサの計測3軸のバイアスを検出し，バイアス補正を行って，送受波器の位置計測を行っている．潮汐，昼夜の温度変動が音速構造の変化をもたらすため，2日間の観測で，日変動をより効果的に解析・除去を行うようにしている．

　球形送受波器を開発し，音波の伝搬方向によって距離差，位相差の出ないように工夫した．また，送受波器，電子回路，信号系のブロードバンド化を図り，10 kHz（波長150 mm）の音波を使って計測分解能をmmオーダーまで改善した．

b. 地球上の位置計測

　地球上の基準位置は，地球の自転をもとにつくられ，地心直交座標系（X, Y, Z），地球回転楕円体座標系（緯度 ϕ, 経度 λ, 高さ H）の2種類の座標系で表現される．地球回転楕円体は地球の中心から赤道面に結んだ赤道半径 a，地球の中心から北極，南極に結んだ半径 b の2つのパラメータで近似される．地球回転楕円体座標系での位置は，その地点から地球の重力方向に線を引き，その重力線が地球の赤道面となす角を緯度 ϕ，グリニッジ子午線（イギリスのグリニッジ天文台を通って南・北両極を結んだ地表上の半円周の線）からその地点までの時計まわりの回転角を経度 λ で表す．

　人工衛星を使った世界共通の電波測位システム（衛星航法）として，GPS（世界測位システム）測位器が全世界中に普及してきている．船の位置を計測する装置の標準といえるほどまで普及し，測量をはじめ，カーナビや携帯電話など一般社会にまで大量に普及してきた．GPSの普及に伴い，世界共通の座標系で計測されるGPS測位と各国で使われてきた座標系とのずれが問題視されるようになった．例えば，日本の海図は日本測地系とよばれる座標系で位置表示されていた

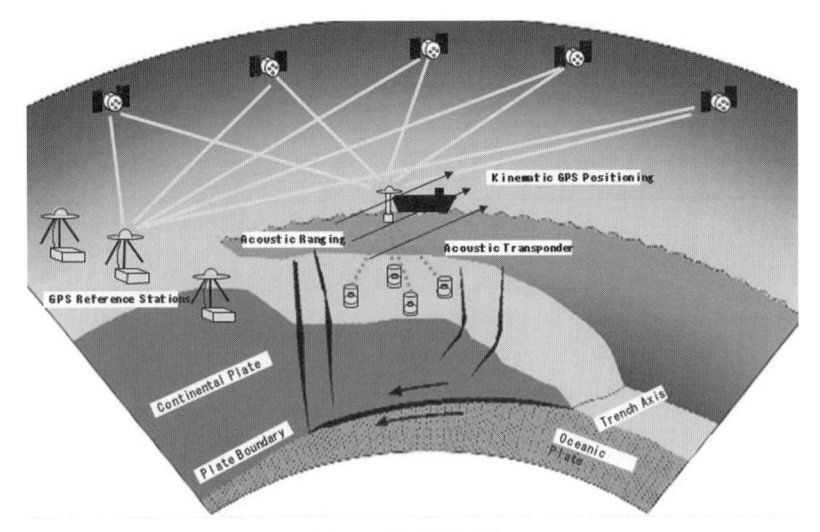

図 4.14　海底測地手法
海底音響基準局を使って船の位置を精密計測し,同時に GPS で船の位置を計測する.
計測のばらつきは 5 cm 程度であり,1〜2 日間の長時間観測により海底地殻変動を
cm オーダーで計測.

が,ほとんどの船舶において GPS で測った位置が 500 m ほどずれて表示される
ため,わざわざ日本測地系の位置に修正しなければならなかった.また,これら
の差のため,せっかく航海の安全のために作成した航路・危険地域を記した海図
が安全面であだとなることも危惧されはじめ,2001(平成13)年に測量法改正,
2002 年に施工され日本の海図・陸図ともに世界測地系に統一することとなった.

この世界共通の測位システムと比較して,なぜ天文測位にゆがみが生じたかと
いうと,天文測位は重力の働く方向に直交する平均海水面をもとに,位置計測を
行っていたことに起因する.重力というのは厳密にいえば,世界各地でその方向
は微妙にずれていて地球の中心点に向かっていない.例えば質量の大きな山の周
辺では,重力は地球の中心から山側に少しずれて向き,海水の質量は地殻に比べ
て小さいため,海溝付近では重力の向きは海溝から離れる方向に少し向いてしま
う.平均海水平面の地域的な高さ,ずれ角が緯度・経度のずれ角となって現れた
のである.

これまで,広範囲をサービスする電波測位システムとしては,オメガ,ロラン
A,ロラン C,デッカなどの陸上の基準局から電波を発信し,船舶に搭載した受

信器で位置を計測するシステムが使われてきた．また，衛星測位システムとしてはNNSSがあり，いずれもGPSシステムに世代交代している．GPSは，赤道面に対し約55度の傾きをもち，高度2万km上空の6つの軌道に，4台ずつ配置する衛星航法システムであり，アメリカ国防総省航空宇宙局により運用されている．衛星の周回周期は約11時間58分である．GPS衛星からは，それぞれ異なるコードで符号化された電波信号を原子時計で正確に同期させて，繰り返し発信している．同時に衛星の軌道，平均の電離層補正情報なども合わせて送信している．世界中どこでも6衛星以上みることができ，受信器では水晶時計を使って各衛星からの電波信号の到達時間を計測しているが，水晶時計は誤差があるため計測した距離は正確ではなく，擬似距離とよばれている．受信器の時計に1ミリ秒のずれがあると，距離に換算して300 kmもの誤差を生むことになり，水晶時計で測った時間差からの距離はそのままでは使えない．しかし，各衛星からの距離差は，受信器の水晶時計の誤差成分が除去されるため非常に正確となる．この方法を使えば，4個のGPS擬似距離があれば3組の距離差が求まるため，3つの要素からなる3次元空間での位置を計測することができる．およそ10 m程度の測位が可能である．運用の開始の一時期においては，故意に信号を劣化させて100 m程度に測位精度を落としていた（SA）が，2000（平成12）年に解除され故意の劣化処置は行っていない．また，いったん，自分の位置がわかれば衛星との距離を計算することができるので，擬似距離と計算距離の差を電波の伝播速度で割って，水晶時計の誤差を算出することができる．これを使い数十ナノ秒精度の時計パルスを出力する受信器もある．

　測位サービスが100 mであったころは，ニーズも高く，GPSの電波灯台というものが世界で運用されるようになった．これは，あらかじめ位置が正確にわかった地点でGPSの擬似距離を測って，300 kHzの電波で周辺およそ200 kmの範囲にその誤差情報を発信するものである．誤差要素のおもなものは，衛星の軌道誤差，電離層を通過するときの電波の遅延，大気中の遅延などに起因しており，ユーザの受信器はこの誤差情報を使って補正を行うことにより1 m程度の測位精度を得ることができるようになっている．この測位方法は一般にディファレンシャルGPS（DGPS）とよばれている．現在では，静止衛星から補正情報を提供するSBASシステムが使われはじめている．また，精密な測量目的のため，リアルタイムキネマテキックGPS（RTKGPS）というシステムが使われている．

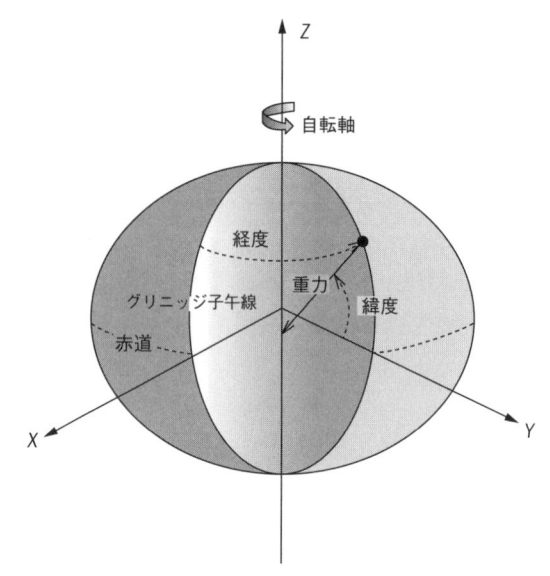

図 4.15 地球上の基準となる測地座標系

これは 10 km 程度以内で cm オーダーの精度を達成する手法である．DGPS と同じように誤差情報を伝送するという方法で精度を向上させるものであるが，異なる点は，基準局，ユーザ局はコード上の搬送波の別々の場所を位相がずれないようにして，距離の変化を連続計測している．これらの位相をもとにした距離情報を使い，オンザフライ（on-the-fly）といって正確な位置を計測できるように受信器を自動初期化する作業を必要とする．

　GPS 衛星は，L 1 (1575.42 MHz) と L 2 (1227.6 MHz) の 2 周波の電波を使って，民生用には C/A コード，軍事用には P コードの信号を発信している．同時に軌道情報も送られてくるので衛星の位置も知ることができる．2 周波の電波を使って距離を測れば，電離層の影響を除去できるという利点がある．また，世界各地に GPS を監視している基地があり，ここから 2 週間程度の遅れではあるが精密な軌道情報を入手し，後処理によりさらに遠方まで測位精度を向上することも可能となっている．

　また，身近な水中，空中の位置は一般に水平面を基準としたローカル位置 (x, y, h) で表現される．

b. 方位計測

方位も地球の自転軸を基準として決められ，地表水平面上に投影した自転軸方向ベクトルが北を指し，そこから水平面上で時計まわりに回転した方向が方位と定義される．ジャイロコンパスは地球の自転を利用して計測するので正確に方位を計測できるが，磁気コンパスは地球の地磁気を利用して計測するので誤差をもっている．このため，航海で磁気コンパスを使用するユーザのために海図上には磁北と真北の偏差を示す図が表記されている．

3軸の角速度計測を基とした光ジャイロコンパスは地球の自転角速度（23時間56分で一周する）を直接計測し，応答速度に優れている．舶用ジャイロコンパス，光ジャイロは東西方向の移動速度が角速度計測に誤差をもたらすので，補正も行われている．一軸の角速度計を利用したコンパスは，初期方位合わせを必要とし，時間とともにドリフトする．GPSコンパスは2つのアンテナを使って複数のGPS衛星からの電波の到達時間差（位相差）から方位を計測する．

c. 音響ドップラー航法

代表的な音響ドップラー測度計（DVL）は，水平面から60度下向きに配置した前後，左右4つの音響送受波器を使って，海底に向けて音響パルスを発信し，

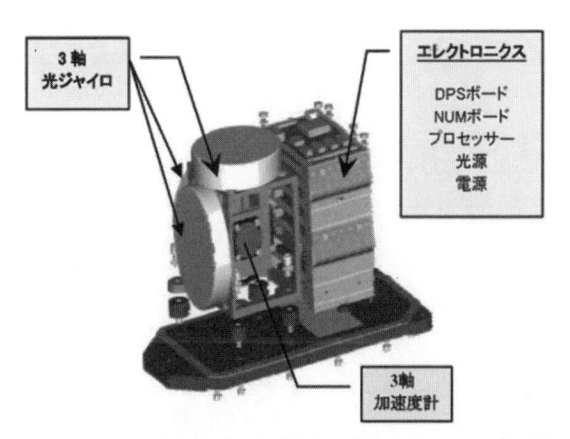

図4.16 真北方位に基づく絶対方位を計測するPhinsの内部構成
3軸の光ファイバー角速度センサーを使って地球の自転角速度を計測．3軸の加速度センサーを内蔵し，慣性航法測位も行う．(IXSEA社，(株)オーシャンウイング提供)

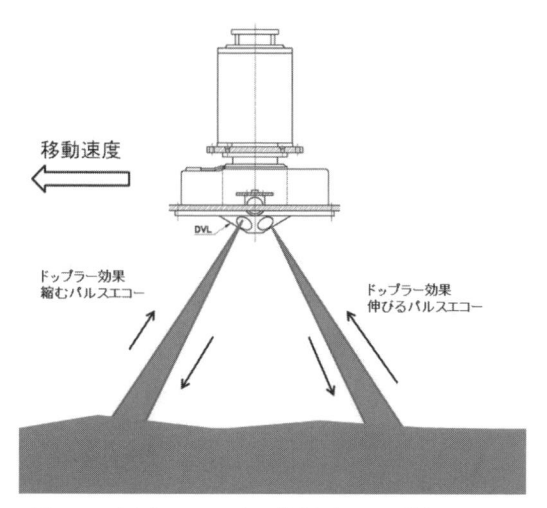

図4.17 光方位センサーと一体化したDVL測位システム

海底で反射して帰ってきたエコーのドップラー効果を計測して前後，左右2方向の対地速度ベクトルを計測する．これにPhins（Photonic Inertial Navigation System）などの方位計測センサーを組み合わせ，海底付近で精度の高い音響ドップラー航法を行う．DVLのピッチング，ローリング，海底の傾斜を補正することにより相対水平測位精度を行う．通常，水面においてGPSで位置合わせ，もしくは水中においてSSBLを使って位置合わせやドリフト補正を行う．

4.2.2 水中と海底をみる音響システム

a. 音響画像をつくるサイドスキャンソーナー

音波は水中では水の静水圧を乱さない圧力変動として伝搬する．電気信号を水中の音響信号に変換する素子を送波素子，逆に水中の音響信号を電気信号に変換する素子を受波素子，相互に変換使用する素子を送受波素子とよぶ．素子を集めて形作ったものは器になり，送波器，受波器，送受波器とよぶ．素子を集めて形作った器は，音響ビームという特徴，つまり指向性パターンをもつ．円盤型の送波器からは円錐状に広がる音響ビームが形成され，細長い板状の送受波器からは扇を開いた形のファンビームが形成される．このファンビームを使って海底を音波でスキャンして，海底のエコー信号から音響画像をつくることができる．

音響信号は水中では約 1500 m/s の速さで伝搬し，信号の周波数が高いほど吸収損失が大きく到達範囲は近距離となり，低いと吸収損失は小さくなり遠くまで到達する．周波数が高くなると信号の波長は短くなるので分解能が高くなり，詳細が画像を得ることができる．周波数が低いと波長が長くなり，画像の分解能は低下する．

サイドスキャンソーナーは，海底に沈んだ船や物体の捜索，橋脚，パイプライン，海底ケーブルや海中工事の管理，海底地滑り，海底断層，谷，山，岩といった海底自然地形の画像測量，岩・砂・泥といった底質の分布，水中植物の植生を調べるため，などさまざまな目的に使われている．

サイドスキャンソーナーは水平な海底面上にあるものを画像化するというのが基本計測原理で，音と聴覚を使って画像をつくるという工夫がされている．送受波器を海底から数十 m 上を直線状に走らせながら，左右別々の周波数のパルス音を発信し，海底からの散乱波のエコーを受信・記録する．このときの音波の送受信のビームパターンは，図 4.18 に示すように前後に非常に狭く，左右に区分けされた 2 つの幅の広い扇状になるように形成され，左右 1 ラインの走査画像を探査する．海中では音波はおおむね 1 秒間に 1500 m 伝搬するので，パルス音を発射して，0.1 秒後に帰ってきた音は 75 m 離れた地点の物質にパルス音が当たりそこから散乱波として帰ってきたエコーである．送受波器からの距離は，パルス音を発信したときからエコーの受信時間を $t(s)$ とすると $750\,t(m)$ で表される．この時系列のエコー信号を，ロール紙のセンターから左側に左側の送受波器の信号を，右側に右側の送受波器の信号を，1 本の走査ラインとしてグレースケ

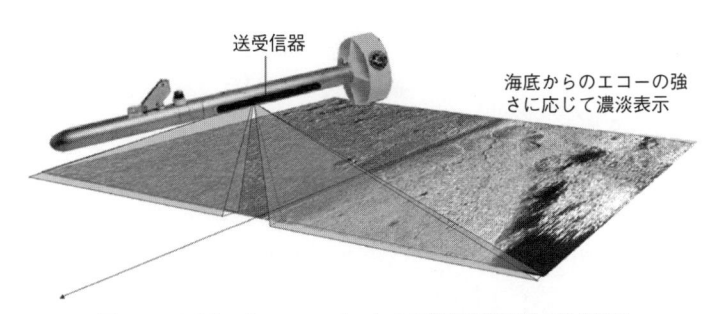

図 4.18 サイドスキャンソーナーによる海底音響画像の撮像原理
音波を発信して海底からのエコーが最初に到達するまでの時間の信号を除去して，左右の音響画像をつなげてある

ールを使い記録する．つまり，エコーの強弱に応じて，強い信号は黒く濃く，弱い信号は薄いグレーを使い，記録紙のセンターをパルス音を発信した時として，時間の経過に従って記録ペンを左右に離れるように走らせ記録する．最近では紙に記録するかわりにディスプレイ上に表示し，ハードディスクにデジタルで収録する方式が主流となっている．

1回の走査ラインの受信エコーの記録が終わると，記録紙を1ライン分送り出し，次の発信と受信エコーの走査ライン記録を行う，これらを繰り返して行う．このとき，片側の記録幅を50 m，100 m，200 mというように変えることができる．この記録された左右全体を探査幅，swath幅という．また，送受波器からの横距離と送受波器の移動距離の縮尺が記録紙上で一致するように，紙送り速度を調整すると，物体形状の縦横の歪みを抑えた画像をつくることができる．この画像記録において，海底からの強いエコーが最初に届いたときから記録ペンの走査を開始すると，水中部分の無駄な画像領域が消え左右の海底画像が接続される．また，送受波器の海底からの高度と受信エコーの距離を使い，記録ペンの走査位置を水平横距離に一致するように可変調整すると，画像の横方向の歪みがかなり解消される．エコーは往復の伝搬距離に応じて拡散・吸収によって減衰し，また，海底への入射角に応じて散乱強度が減少する．このようなエコー信号の減衰量を補うように信号を増幅して，均質な記録を行えるようにしている．

b. 音響による底質判別解析法

シングルビームの音響測深機，サイドスキャンソーナー，マルチビーム音響測深機の海底からのエコーの特徴を分類解析して，底質判別を行う手法である．シングルビームの音響測深機では垂直なエコーの線状の情報から海底反射，透過，損失などの特徴が抽出される．泥，砂，岩では反射エコーの強さ，長さなどに差が生じてくる．平均，標準偏差，高次モーメントの解析が有効である．また，周波数の違いに対応した特徴も解析に使用される．

サイドスキャンソーナーを使うと，さまざまな入射角度の違いによる面的な散乱エコーの特徴が抽出され，入射角度補正を行い，音響画像の統計解析が行われる．海底のラフネスによって散乱現象が異なってくるのも特徴としてとらえられる．例えば，入射角度に対する散乱強度パターンの違い，さらに面的な反射強度のばらつき情報を分析すれば，滑らかな泥面と小さな凹凸のある砂面の違いが反

音響信号は水中では約 1500 m/s の速さで伝搬し，信号の周波数が高いほど吸収損失が大きく到達範囲は近距離となり，低いと吸収損失が小さくなり遠くまで到達する．周波数が高くなると信号の波長は短くなるので分解能が高くなり，詳細が画像を得ることができる．周波数が低いと波長が長くなり，画像の分解能は低下する．

サイドスキャンソーナーは，海底に沈んだ船や物体の捜索，橋脚，パイプライン，海底ケーブルや海中工事の管理，海底地滑り，海底断層，谷，山，岩といった海底自然地形の画像測量，岩・砂・泥といった底質の分布，水中植物の植生を調べるため，などさまざまな目的に使われている．

サイドスキャンソーナーは水平な海底面上にあるものを画像化するというのが基本計測原理で，音と聴覚を使って画像をつくるという工夫がされている．送受波器を海底から数十 m 上を直線状に走らせながら，左右別々の周波数のパルス音を発信し，海底からの散乱波のエコーを受信・記録する．このときの音波の送受信のビームパターンは，図 4.18 に示すように前後に非常に狭く，左右に区分けされた 2 つの幅の広い扇状になるように形成され，左右 1 ラインの走査画像を探査する．海中では音波はおおむね 1 秒間に 1500 m 伝搬するので，パルス音を発射して，0.1 秒後に帰ってきた音は 75 m 離れた地点の物質にパルス音が当たりそこから散乱波として帰ってきたエコーである．送受波器からの距離は，パルス音を発信したときからエコーの受信時間を $t(\mathrm{s})$ とすると $750\,t(\mathrm{m})$ で表される．この時系列のエコー信号を，ロール紙のセンターから左側に左側の送受波器の信号を，右側に右側の送受波器の信号を，1 本の走査ラインとしてグレースケ

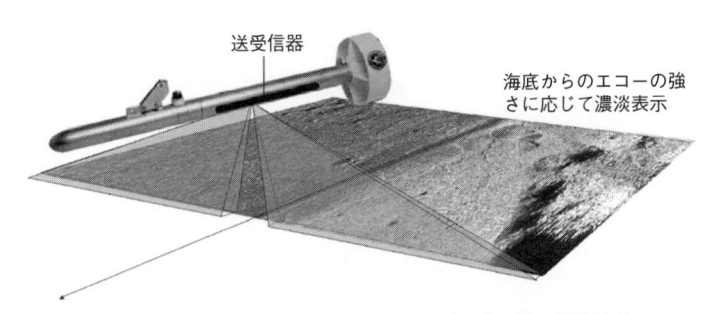

図 4.18 サイドスキャンソーナーによる海底音響画像の撮像原理
音波を発信して海底からのエコーが最初に到達するまでの時間の信号を除去して，左右の音響画像をつなげてある

ールを使い記録する．つまり，エコーの強弱に応じて，強い信号は黒く濃く，弱い信号は薄いグレーを使い，記録紙のセンターをパルス音を発信した時として，時間の経過に従って記録ペンを左右に離れるように走らせ記録する．最近では紙に記録するかわりにディスプレイ上に表示し，ハードディスクにデジタルで収録する方式が主流となっている．

1回の走査ラインの受信エコーの記録が終わると，記録紙を1ライン分送り出し，次の発信と受信エコーの走査ライン記録を行う，これらを繰り返して行う．このとき，片側の記録幅を50 m，100 m，200 mというように変えることができる．この記録された左右全体を探査幅，swath幅という．また，送受波器からの横距離と送受波器の移動距離の縮尺が記録紙上で一致するように，紙送り速度を調整すると，物体形状の縦横の歪みを抑えた画像をつくることができる．この画像記録において，海底からの強いエコーが最初に届いたときから記録ペンの走査を開始すると，水中部分の無駄な画像領域が消え左右の海底画像が接続される．また，送受波器の海底からの高度と受信エコーの距離を使い，記録ペンの走査位置を水平横距離に一致するように可変調整すると，画像の横方向の歪みがかなり解消される．エコーは往復の伝搬距離に応じて拡散・吸収によって減衰し，また，海底への入射角に応じて散乱強度が減少する．このようなエコー信号の減衰量を補うように信号を増幅して，均質な記録を行えるようにしている．

b． 音響による底質判別解析法

シングルビームの音響測深機，サイドスキャンソーナー，マルチビーム音響測深機の海底からのエコーの特徴を分類解析して，底質判別を行う手法である．シングルビームの音響測深機では垂直なエコーの線状の情報から海底反射，透過，損失などの特徴が抽出される．泥，砂，岩では反射エコーの強さ，長さなどに差が生じてくる．平均，標準偏差，高次モーメントの解析が有効である．また，周波数の違いに対応した特徴も解析に使用される．

サイドスキャンソーナーを使うと，さまざまな入射角度の違いによる面的な散乱エコーの特徴が抽出され，入射角度補正を行い，音響画像の統計解析が行われる．海底のラフネスによって散乱現象が異なってくるのも特徴としてとらえられる．例えば，入射角度に対する散乱強度パターンの違い，さらに面的な反射強度のばらつき情報を分析すれば，滑らかな泥面と小さな凹凸のある砂面の違いが反

4.2 海洋音響システム

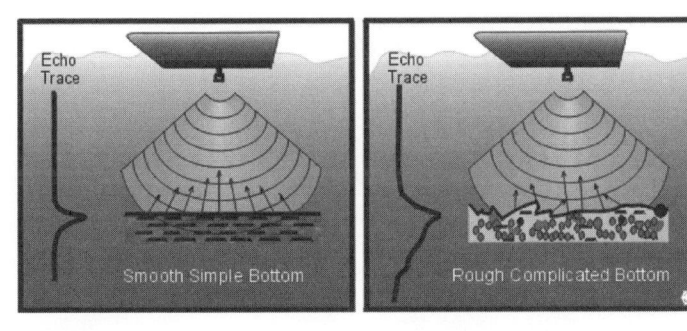

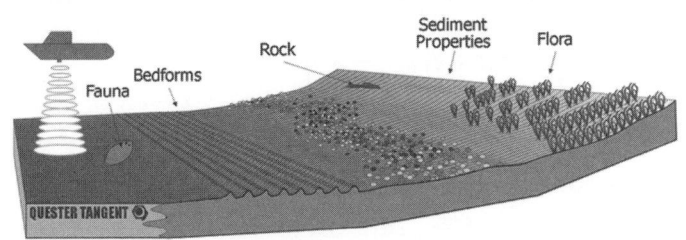

図 4.19 シングルビームの音響測深機による海底反射波の特徴と底質判別の概要（Quester Tangent 社, (株)東陽テクニカ提供）

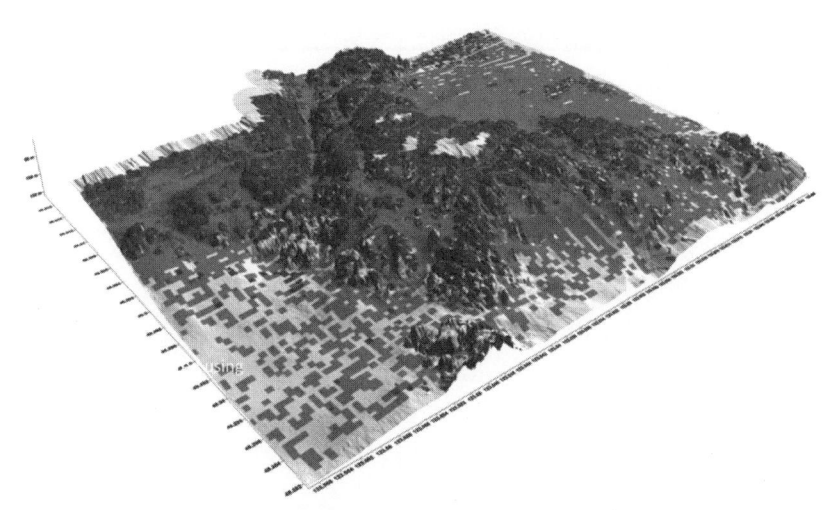

図 4.20 Kongsberg Simrad EM3200 のデータを使った底質分類結果 バンクーバ島周辺の急流下の岩場. 濃い色は岩場, 中間の色は砂地. （Quester Tangent 社, (株)東陽テクニカ提供）

射強度のばらつきの特徴として現れる．

マルチビーム音響測深機では，サイドスキャン散乱エコーに海底の起伏の情報が加わるので，ソーナーのロール角補正や，海底の起伏に伴う入射角度の補正を行い，より精密な解析が可能となる．Quester Tangent 社のマルチビーム底質分類ソフトウェアでは，FFV（Full Feature Vector）Editor が多数の特徴解析法を使って分類解析される．ヒストグラムと分位数，パワースペクトル，共起マトリックス，フラクタル次元，海底からのソーナー高度に対応したこれらの統計解析などが行われている．

c. 水中の音響映像をつくる音響ビデオカメラ（浅田，2003）

水中において音響レンズを音波が通過すると，レンズは水と異なる伝搬速度をもつため光と同じようにスネルの法則に従って屈折する．米国ワシントン大学応用物理学研究所のエドワード・ベルチェ教授らにより音響レンズを使ったビデオカメラ，DIDSON が開発された．DIDSON は光学式水中カメラでは使用不能な濁水中での視認に十分使用できる，高分解能と高速画面の撮影性能を備えている．1.8 MHz または 1.0 MHz の周波数で動作し，それぞれ 0.3 度間隔で 96 ビームと 0.6 度間隔で 48 ビーム，また，それぞれ 8 回と，4 回の送受信サイクルで 1 画面を形成する．撮影可能な距離は 1.8 MHz で 12 m，1.0 MHz で 40 m，画面の更新レートは，1 秒あたり 5～27 フレームである．ソーナーの形状は長さ約 30 cm，高さ 20 cm，幅 17 cm で，消費電力は 30 W と小さく，無人潜水艇などに取り付け，海底の地層，人工構造物，水中生物の観察，ナビゲーションに最適である．海底での作業は，透明度のよい場所でも作業を始めるとすぐに海底の泥が舞い上がり，光学ビデオでは見えなくなってしまうのが常である．音波は水中の濁りには何の影響もされず，画像がさえぎられることがないという利点がある．この装置を使えば，10 cm ぐらいの小魚まで光のビデオカメラと同じようにみることができる．濁った河川，港湾，場所にかまわず，時と状況によってはダイバーは水中にあると思われるものや，災害にあった人をもぐって捜索する必要があり，視界ゼロのこのような汚れた場所でも音波は水中の映像を映し出すことができ，おおいに役立つ．

DIDSON は魚，哺乳類，甲殻類の濁水中における行動をモニタリングできる．ダムのタービン入水口付近の魚の動きをモニタリングすることにより，魚類がタ

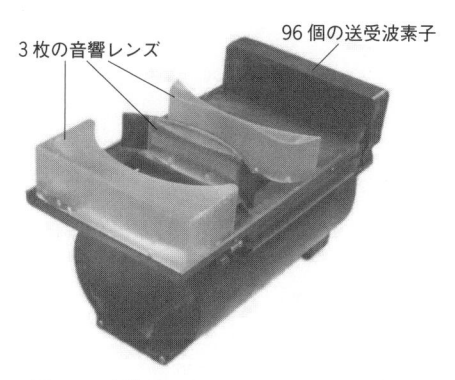

図 4.21 音響ビデオカメラ DIDSON の上蓋を外したところ
3枚の音響レンズと奥の長方形の板に，音波を送受信する96個の変換素子が配置されている．

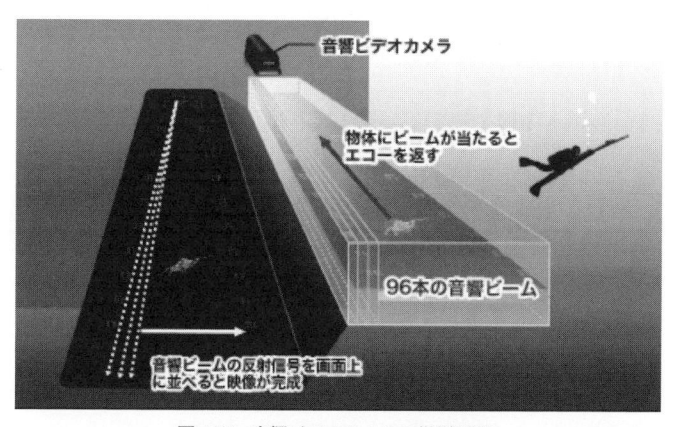

図 4.22 音響ビデオカメラの撮影原理
縦に狭く縦に広い96本の音響ビーム使い，音響パルスを水中に照射し，水中にある物体から帰ってくる時系列の96本のエコーからビデオ映像をつくる．エコーの往復時間はカメラからの距離に対応し，エコーの強さを明るさに変えてディスプレイ上に表示する．

ービン内に入り込むことを防ぐ"デフレクター"が効果を発揮しているかを確認することもできる．また，水中の保安用ビデオカメラとしても使用でき，特に光学カメラシステムが動作しない夜間もしくは濁水中においても，その有効性は全く変わらない．このように，今までは水中の様子をみることがきわめて困難であったために，水中作業などで多くの不便を強いられてきた．これらの問題が，こ

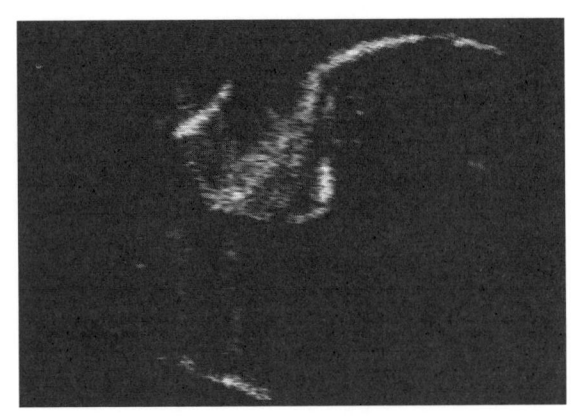

図 4.23 音響ビデオカメラで撮影したアカエイ

のような実用的な音響ビデオカメラの出現により大きく改善されるものと期待される．

4.2.3 水底地形・水中構造物の形状を知る音響システム

a. マルチビーム音響測深システム （浅田，2001）

マルチビーム音響測深機とは，海底に向け船の下から左右放射状に指向性の鋭い音響ビームを，例えば240本とか多数配列して，船の進行とともに一度に多数点の水深を図る，つまり芝刈り機で雑草を刈りとるように海水に隠れた海底地形を計測する調査機器である．このマルチビーム測深技術の導入により海底地形を詳細に見てとれるようになり，次々と海底の神秘のベールが剥がされ海底地形学の進展に大きく貢献してきた．海の底には，巨大な谷や，海山など，地球の変動の歴史を物語る数多くの地形が存在していた．

近年，マルチビーム測深技術は浅海から深海域用のものまで高性能，多機能化して，これらから得られた海底地形データの解析，利用技術も周辺技術の進展とともに，目覚しく進展している．利用分野も，海図作成，海洋調査・研究，海底資源探査，水産資源調査，水中植物の植生，物理探査，港湾・浚渫工事，海底線敷設調査，水中捜索，水中構造物調査，パイプライン調査，ダムの貯水・維持管理，河川の調査など非常に多岐にわたっている．周波数が高いほど分解能は高いが，海水中での吸収損失が大きくなり対応水深は浅く限られる．一方，周波数が

4.2 海洋音響システム

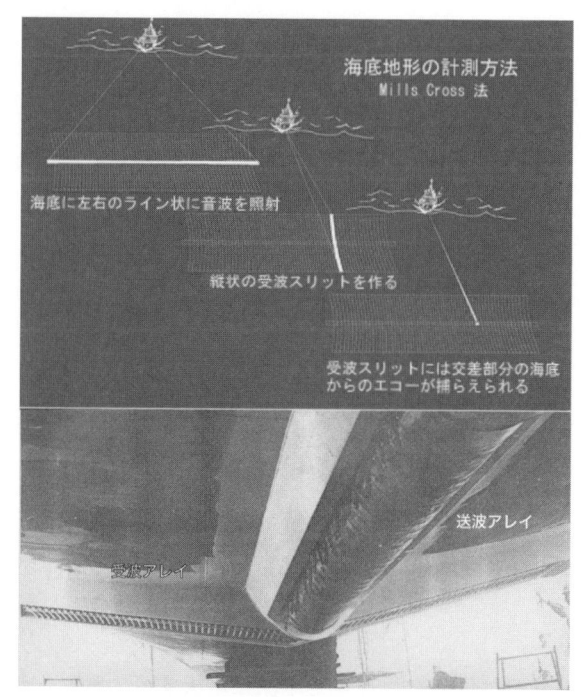

図 4.24 マルチビーム音響測深の原理
マルチビーム形成する Mills Cross 法と船底に装備した送波アレイとハイドロホンアレイ．

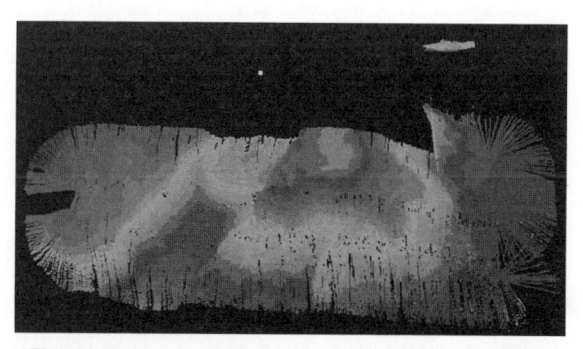

図 4.25 SeaBeam2112 マルチビーム音響測深機による海底地形計測（第一鹿島海山）

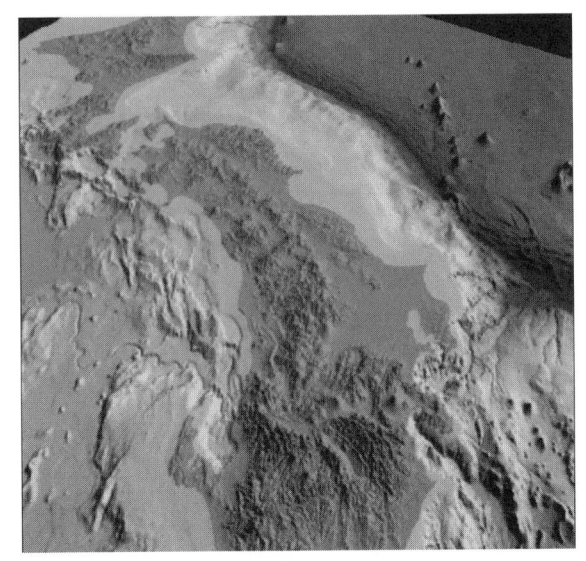

図4.26 マルチビーム音響測深機で計測した東北日本周辺の海底地形，および陸部

低くなると，分解能は低くなるが対応水深は増大する．おおむね，450 kHz のマルチビーム音響測深機は水深 100 m までを計測し，200 kHz は水深 300 m まで，50 kHz は水深 3000 m まで，12 kHz は水深 11000 m まで計測可能である．

b. LBL 音響測位システム

海底に 3，4 台の音響トランスポンダーをあらかじめ設置し，まず母船からの音響距離計測を行ってそれぞれの位置計測を行う．この後，海中で作業する，ディープ Tow，ROV，AUV などに主局を装備し，各トランスポンダーの音響距離計測を行う．水面の測位においては簡易的に平均音速を使うことも多いが，音波の屈折によってシャドーゾーンが形成され計測不能となることもある．音波の屈折伝搬はスネルの法則によって解析される．

c. SSBL 音響測位システム（USBL ともよぶ）

1 距離と 2 方位を計測する測位システムを意味し，従局 1 台の音響トランスポンダーで位置計測ができるという利点がある．主局は送波器と，ハイドロホン 4

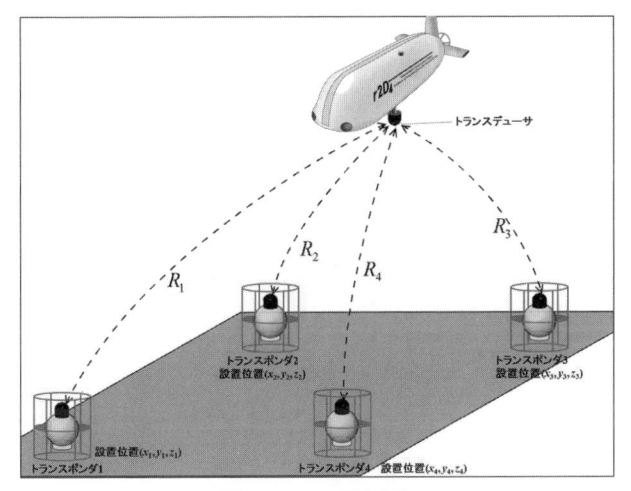

図 4.27 LBL 測位手法
海底に設置したトランスポンダー局との往復距離を計測して海中ロボットの位置を計測（精密な位置を計測するには，音線の屈折を考慮する）

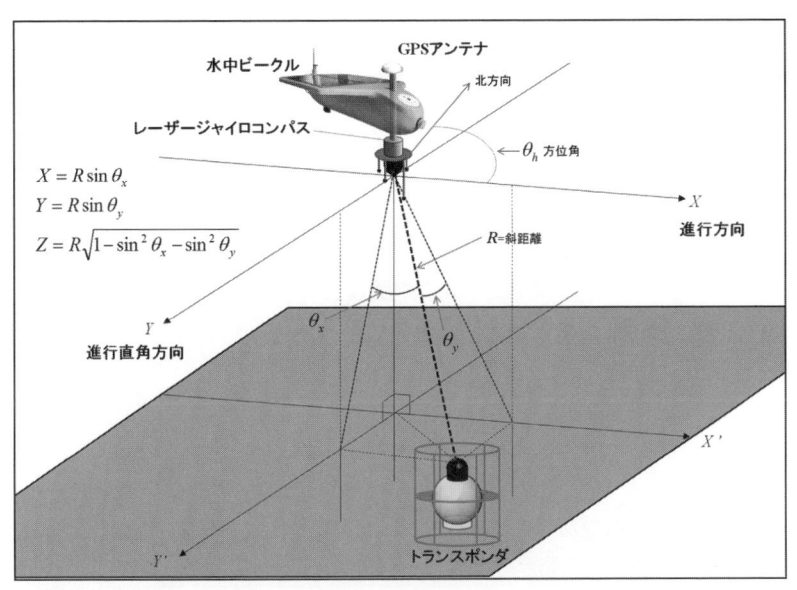

$X = R\sin\theta_x$
$Y = R\sin\theta_y$
$Z = R\sqrt{1-\sin^2\theta_x-\sin^2\theta_y}$

図 4.28 1台のトランスポンダーを使って SSBL 方式によりビークルの位置を計測する

素子で構成され，従局間の往復距離を計測するのと同時に，距離差を精密に計測して，音波の到来方向角を水平方位角と鉛直方位角に分離して求める．これにより，海底に設置した従局から主局の位置を決める，もしくは移動体に従局を装備してその位置を計測する方法などがある． [浅田　昭]

4.3　海洋リモートセンシング

　海洋が陸と異なる最も特徴的な性質は，構成する物質が海水であることである．ゆえに，海は動き，状態は変化し，他の物質が混ざり込みやすい．陸に風が吹いて地形が変わることは考えにくい．しかし，海に風が吹くと高さ数mの海水の盛り上がりがつくられ，移動し，消えていく．そのうえ，海はわれわれ人間が容易に立ち入ることができないところでもある．
　海洋リモートセンシングとは，リモートセンシング（remote sensing；遠隔探査）技術を用いて，陸，海，空，宇宙から海面の状態を観測することである．観測には電磁波を用い，海の色と温度，海氷，海流，潮位，海洋波浪，海上風などを観測する．広大で容易に立ち入ることができない海洋において，リモートセンシングは最も有効な観測方法である．

4.3.1　リモートセンシングと電磁波

　海洋リモートセンシングでは電磁波が用いられる．電磁波には，波長の短い方から，ガンマ線，X線，紫外線，可視光線，赤外線，マイクロ波，短波，中波，

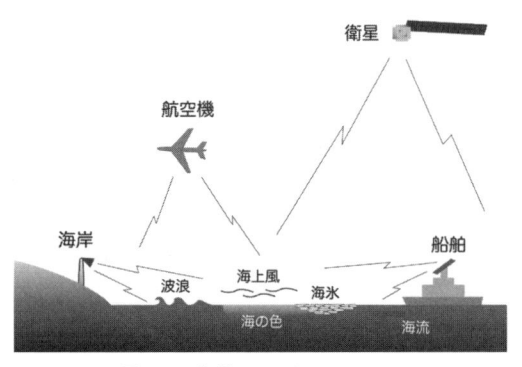

図 4.29　海洋リモートセンシング

長波などがある．空気中を伝搬する電磁波の速度 c は，電磁波の周波数 f と波長 λ の乗算であり，電磁波の種類に関係せず，約 30 万 km/s である．

$$c = f \cdot \lambda \tag{4.1}$$

リモートセンシングでは電磁波の波長が重要なパラメーターとなる．電磁波の波長とリモートセンシングの関係を一般的な木造住宅を対象に考察してみよう．家の外から家の中を見ることはできない．しかし，家の外にいる人と家の中にいる人との間で携帯電話による通話はできる．人間の目に見える可視光線も，携帯電話の通話に使用される電波も，どちらとも電磁波である．すなわち，家の壁を通り抜ける電磁波がある反面，その壁を通り抜けない電磁波もあるということである．なぜだろうか．その答えは可視光線と携帯電話の通話に使用される電波の波長にある．可視光線の波長は 0.4〜0.7 μm 程度であり，携帯電話の通話に使用される 1.5 GHz 前後の電波の波長は 20 cm 程度である．波長の短い可視光線より波長の長い携帯電話の通話に使用される電波の方が壁を通り抜ける能力が高い．視点を変えてみよう．われわれ人間は家の壁を認識することができる．しかし，携帯電話の通話に使用される電波は壁を通り抜けるため，壁があることを認識できない．電磁波はおおよそ自分の波長より小さい物体を通り抜けることができ，自分の波長より大きい物体を通り抜けることはできない．

電磁波の波長がリモートセンシングにおいて重要なパラメーターとなるもう 1 つの理由は，電磁波の波長が電磁波の指向性と密接な関係があるからである．電磁波の指向性とは電磁波が放射される方向と放射強度との関係であり，指向性が強いというのは，ある方向に強い強度の電磁波を放射することを意味する．例えば，裸電球が全方向に光を放つのに対して，懐中電灯はある方向のみに光を放ち，同じ出力の裸電球より明るい光を放つ．懐中電灯は裸電球より指向性が強い発光機である．電磁波の指向性は，リモートセンシングにおける物を識別できる能力である計測センサーの空間分解能（resolution）を左右する．センサーの空間分解能 ΔL は，センサーから観測対象までの距離 R と電磁波の波長 λ に比例し，電磁波を放射するアンテナの大きさ D に反比例する．

$$\Delta L = \frac{\lambda R}{D} \tag{4.2}$$

地球表面から 1000 km 離れた人工衛星から大きさ 1 m のアンテナを使用して地球表面を観測するときの空間分解能は，波長 0.5 μm の可視光線を用いる場合は

0.5 m，波長 10 μm の熱赤外線を用いる場合は 20 m，波長 3 cm のマイクロ波を用いる場合は 30 km であり，その差は大きい．

海は入射する電磁波を選択的に透過させる．海面から入射した電磁波は海水により散乱・吸収される．可視光線を除く電磁波は海水中での減衰率が高く，電磁波が海水に入射するとすぐに減衰してしまい，海中まで届かない．可視光線は海水を透過して海中を照らすが，最も吸収されにくい青色の可視光線であっても，不純物がない海水中での伝搬距離は 50 m 程度である．そのため，電磁波を利用する海洋リモートセンシングでは海面下数十 m までの海表面のみを観測する．それより深い海中や海底の観測には，電磁波ではなく，音波を利用する海中音響技術が用いられる．

4.3.2　海面における電磁波の散乱と反射

海に入射した電磁波は海水との相互作用によって進行方向が変えられる．それを海面における電磁波の散乱といい，入射方向と反対方向に跳ね返る散乱を反射，入射方向と同じ方向に戻ってくる散乱を後方散乱，散乱波の方向ごとの強度分布を散乱パターンという（図 4.30）．

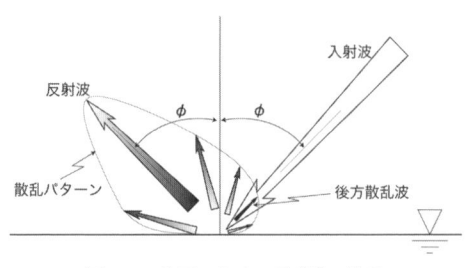

海面における電磁波の散乱パターンは海面状態の影響を強く受ける．鏡面のように滑らかな海面からの電磁波の散乱を鏡面反射（図 4.31(a)）といい，散乱波のほとんどは反射波となる．海面が少し荒れてくると反射波以外の散乱波成分が増え（図 4.31(b)），海面がより荒い状態になると反射波成分が目立たなくなり（図 4.31(c)），電磁波は広い範囲に散乱する．荒れる海面では，海面から散乱する電磁波の反射波成分が弱くなり，後方散乱波成分が強くなる．

海面の荒れ状態に応じて電磁波の散乱特性が変化することを利用する海面観測

図 4.30　海面における電磁波の散乱

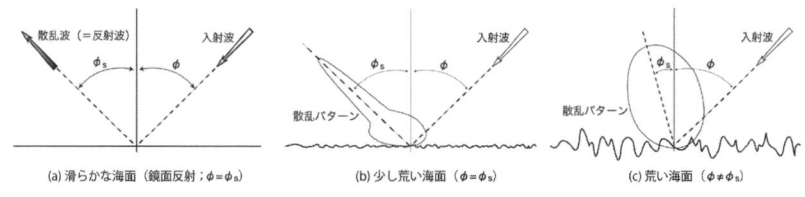

図 4.31 海面状態と電磁波散乱との関係

として，海面に流出した油の観測と海面に吹く海上風の観測がある．海面に油が広がると，海面上に油の膜が生成され，海面にはさざ波ができにくい．油が広がった海面と油のない海面は，油の膜の影響で海面におけるさざ波の発生状態が異なるため，海面からの電磁波の反射特性が異なる．油が広がった海面では電磁波の反射が強く，油のない海面では電磁波の反射が弱い．図 4.32 は，1997 年 7 月 2 日に東京湾で発生したダイヤモンドグレース号による原油流出事故の翌日に，フランスの地球観測衛星 SPOT 2 の可視光域センサー（HRV-PA）により観測された原油流出海域付近の画像である．川崎の海岸から富津岬の方向に流出油が広がっていることがわかる．可視光域センサーは海面から反射する太陽光の強さを測る装置であり，流出油が広がっている海面は，他の海面より可視光の反射強度が強いため，画像では明るく表示される．

海面に風が吹くと波が発生する．風速が速くなるにつれて，波は大きくなり，

図 4.32 SPOT2 HRV-PA の東京湾流出油画像（1997 年 7 月 3 日）（JAXA 提供）

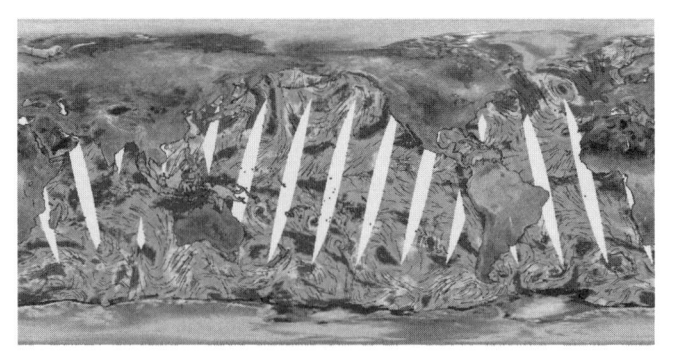

図 4.33 ADEOS-II/SeaWinds の海上風（2003 年 1 月 28 日）（JAXA 提供）

海面が荒れる．その結果，海面から散乱する後方散乱波成分が強くなる．実開口レーダは，レーダから放射した電磁波のレーダ方向に戻ってくる後方散乱波の強さを測る装置である．太陽光の反射の強さを測る可視光域センサーを受動型センサーというのに対して，自ら電磁波を放射するレーダを能動型センサーという．実開口レーダが計測する海面から後方散乱する電磁波の強さは，海面の荒れ状態に比例して強くなり，海面は風速に比例して荒れる．海洋上の風速が速い海面からは後方散乱が強く，風速が遅い海面からの後方散乱は弱くなる．また，海面から後方散乱する電磁波の強さは海上風の風向にも影響を受ける．海上風の観測に使用される実開口レーダには，主に波長数 cm のマイクロ波が用いられる．図 4.33 は米国航空宇宙局（NASA）/ジェット推進研究所（JPL）が開発して，宇宙航空研究開発機構（JAXA）環境観測技術衛星「みどり II（ADEOS-II）」に搭載した，海上風観測装置（SeaWinds）が 2003 年 1 月 28 日のある 12 時間の間に取得した観測データを処理，解析して得た海上風の画像である．海洋上の風向・風速を地球規模で読みとることができる．風速は，画面上で青色が風速の遅い方，赤色が風速 15 m/s に対応し，黒い矢印は風向を示している．海洋上の白く抜けた部分は，SeaWinds 観測幅の隙間にあたり，観測データのない海域を示している．

4.3.3　海面における電磁波の放射

すべての物体は自ら電磁波を放射している．放射する電磁波の種類とエネルギーは，物体を構成する物質や温度などの条件によって異なる．放射する電磁波の

強さは，完全放射体である黒体 (black body) の放射量を基準とし，定量的に評価する．黒体は入射するすべての電磁波を完全に吸収し，反射も透過もしない仮想的な物体であり，ある温度において他のどの物体よりも大きなエネルギーを放射する物体である．黒体の単位表面積から単位時間，単位立方角内に放射する電磁波の単位波長幅のエネルギーを示す分光放射輝度 B_λ は，物体の温度 T と放射する電磁波の波長 λ の関数であり，プランクの放射法則 (Planck's law of radiation) によって表される．

$$B_\lambda = \frac{2hc^2}{\lambda^5} \frac{1}{\exp(hc/k\lambda T) - 1} \quad (4.3)$$

ここで，h はプランク定数，c は電磁波の速度，k はボルツマン定数を表す．

実際の物体が放射する電磁エネルギーは，黒体から放射する電磁エネルギーより小さい．黒体が放射する電磁エネルギーに対する，ある物体が放射する電磁エネルギーの比を放射率 (emissivity) といい，その物体の放射特性を表す．放射率は物体を構成する物質の誘電率，表面の粗さ，温度，波長，観測方向などの条件によって変化し，0から1の間の値となる．リモートセンシングにおいては，ある波長の電磁波の分光放射輝度を計測し，式 (4.3) から物体の温度を求める．それを輝度温度 (brightness temperature) といい，放射計センサーの計測値として出力される観測データのほとんどは，分光放射輝度ではなく，輝度温度である．

海面における電磁波の放射特性を利用する観測として，海面水温 (Sea Surface Temperature; SST) と海氷の観測がある．海面水温は，海面付近の海水から放射される熱赤外線やマイクロ波の放射量（輝度温度）から，大気中の水蒸気やエアロゾルの影響を取り除く大気補正などを行った後，輝度温度と海水の温度との関係を用いて求める．輝度温度と海水の温度との関係は，リモートセンシングから得た対象海面の輝度温度と，現地において直接計測した海水の温度から求める．海面水温の観測には波長十数 μm の熱赤外線と波長数 cm のマイクロ波が用いられる．熱赤外線を用いると，マイクロ波を用いる場合に比べて，高い空間分解能を得ることができる反面，熱赤外線はマイクロ波より天候の影響を受けやすいため，海面を計測できる頻度が低くなる．図 4.34 は米国航空宇宙局 (NASA) の EOS Aqua 衛星に搭載した，宇宙航空研究開発機構 (JAXA) の改良型高性能マイクロ波放射計 (AMSR-E) の観測データから求めた 2011 年 10 月第 1 週の海

面水温の画像である．全地球規模の海面水温の分布が示されている．

リモートセンシングによる海氷観測には，海面から放射されるマイクロ波を計測する放射計センサーが用いられる．海氷には，その年に新たにできた海氷と1年以上の前の年にできた海氷がある．その年に新たにできた海氷を初年氷 (first-year ice)，1年以上の前の年にできた海氷を多年氷 (multiyear ice) といい，多年氷は漂流，他の海氷との衝突，夏の間の融解と再結氷により，表面状態と内部構造が変化し，マイクロ波の放射特性が初年氷と異なる．海氷が漂う氷海域の海面は，初年氷，多年氷，それから氷のない開水面が混在する．

海氷と海水の電磁波の放射特性において，最も異なる条件は表面温度である．海水には，液体の海水として存在できる最低温度（結氷温度）がある．海水の結氷温度は約$-1.8°C$であり，水温が結氷温度以下になると凍り，海氷となる．すなわち，海水の結氷温度である$-1.8°C$以下の表面温度の開水面は存在しない．しかし，海氷の表面温度は気温に比例して海水の結氷温度以下まで下がる．海水温が$-1.8°C$より高いときには，海氷の表面が溶け出す．そのため，海氷の表面温度は常に$-1.8°C$以下となる．マイクロ波放射計センサーは，海面における海氷と開水面が占める割合によって変化する海面からのマイクロ波の放射量を計測する．そのため，マイクロ波放射計センサーの観測データから得られる海氷情報は，海氷そのものの情報ではなく，海面における海氷が占める割合の情報である．図4.35はEOS Aqua衛星のマイクロ波放射計（AMSR-E）の放射量データを解析して求めた，北極海周辺の1年中で海氷が最も多い3月と海氷が最も少ない9月の海氷分布図である．3月には北海道のオホーツク海まで海氷域が広がり，9月には北極海においても海氷のない広い開水面が現れる．

図4.34 Aqua/AMSR-Eの海面水温（SST）（2011年10月第1週）（JAXA提供）

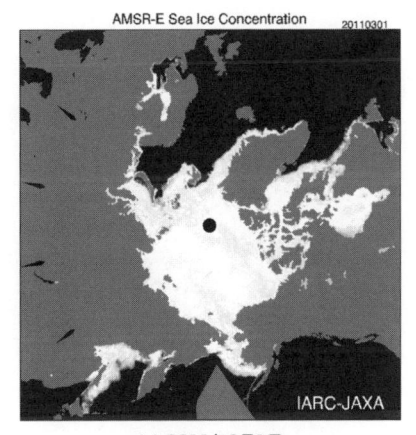

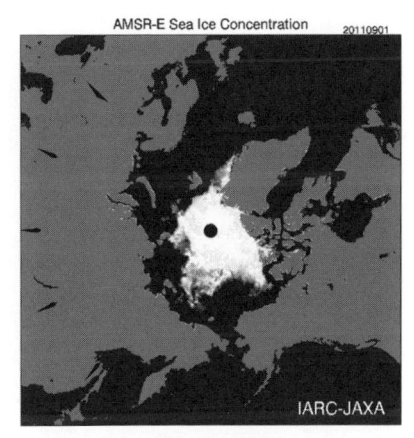

(a) 2011年3月1日　　　　　　　　(b) 2011年9月1日

図 4.35　Aqua/AMSR-E の海氷分布（2011 年）（JAXA 提供）

4.3.4　可視光線・近赤外線を用いる海洋観測

　可視光線・近赤外線を利用する海洋リモートセンシングでは海の色，すなわち光の 3 原色である青色，緑色，赤色に加えて近赤外線帯域の太陽光の海洋からの反射特性が用いられる．不純物のない海水からは青色波長帯域の可視光の反射強度が強く，泥が混じり濁った海水からはほぼすべての帯域の反射強度が強くなる．このような帯域ごとに反射強度が異なることを分光特性といい，反射光の分光特性は海水中に含まれている物質に依存する．可視光線・近赤外線の分光特性を利用する観測として代表的なものは，海水中に含まれている葉緑素の一種であるクロロフィル a の濃度と土砂などの懸濁粒子の濃度である．

　クロロフィル a は，あらゆる植物性プランクトンに含まれ，光合成の光エネルギーを吸収する役割をもつ化学物質であり，海水中の植物性プランクトン量を知るバロメーターである．図 4.36 は宇宙航空研究開発機構（JAXA）の地球観測プラットフォーム技術衛星「みどり」（ADEOS）の海色海温走査放射計（OCTS）の観測データから求められた，1997 年 4 月 26 日の日本近海のクロロフィル a の濃度分布画像である．赤色はクロロフィル a の濃度が高い海域を示し，青色はクロロフィル a の濃度が低い海域を示す．クロロフィル a の濃度は沿岸で高く，海岸から離れるにつれて低くなる．太平洋側の沿岸には黒潮や親潮の影

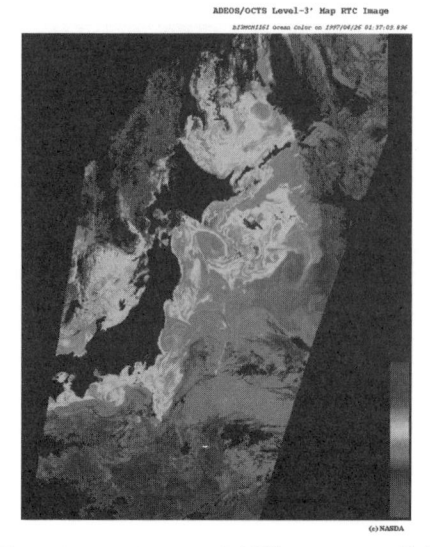

図 4.36 ADEOS/OCTS の日本近海クロロフィル濃度分布（1997年4月26日）(JAXA 提供)

図 4.37 ALOS/AVNIR-2 の有明海 RGB 画像（2006年10月13日）(JAXA 提供)

響とみられる多数の渦もみられ，黒潮と親潮が混ざる三陸沖の渦は特に大きい．北海道のオホーツク海側と太平洋側は，流氷と親潮が運んだ豊富な栄養塩により大量の植物性プランクトンが発生している．ADEOS/OCTS のクロロフィル a 濃度 $Ch\mathrm{I}\ [\mu g/l]$ は，青色波長帯域（Band 3；490 nm）と2つの緑色波長帯域（Band 4；0.520 nm, Band 5；0.565 nm）の大気補正後に正規化された海面反射輝度，nL_3, nL_4, nL_5 から求められる．

$$Ch\mathrm{I} = 0.2818 \cdot \left(\frac{nL_4 + nL_5}{nL_3}\right)^{3.497} \tag{4.4}$$

海水中に赤潮の原因となるプランクトンや河口から運ばれる土砂など海水を濁らせる懸濁粒子が多く含まれると，太陽光は海水の他に懸濁粒子によって吸収・散乱される．懸濁粒子が多く含まれた海水においては，海面近くでの散乱が多くなるため，可視光線と近赤外線の全帯域の散乱強度が強くなり，海は懸濁粒子から散乱される白色光と海中深いところから散乱する青色光が混ざり，うす黄色または緑色に見える．図 4.37 は宇宙航空研究開発機構（JAXA）の陸域観測技術衛星（ALOS）搭載の高性能可視近赤外放射計2型（AVNIR-2）によって 2006

年10月13日に観測された有明海のRGB画像である．有明海は潮の干満差が大きいため，川から運ばれる土砂と干潟の泥が潮汐によって激しくかき混ぜられ，湾奥部の海水は泥が多く混じり濁る．

リモートセンシングでは，対象物から反射，放射，散乱される，予め決められた波長帯域の電磁波の強さを計測する．各帯域の観測データは計測する電磁波の強さの分布を表すモノクローム画像になるが，複数の波長帯域の観測データにR（赤），G（緑），B（青）の3原色を割り当て，カラー画像化することもできる．それをカラー合成といい，色の割当方法は無数にある．図4.37のRGB画像はAVNIR-2によって計測された赤色波長帯域（R；652 nm），緑色波長帯域（G；560 nm），青色波長帯域（B；463 nm）の観測データに，それぞれ3原色を割り当てて合成した画像である．われわれ人間が普段目にするときとほぼ同じ色合いで表示されるため，トゥルーカラー画像（true color）という．それに対して，観測データの波長帯域と異なる色を割り当てて合成した画像をフォールスカラー画像（false color）という．図4.36の画像は画面上でカラー画像のようにみえるが，複数の波長帯域の観測データを用いてカラー合成を行っているのではなく，色を使ってクロロフィルa濃度を表現している．これをシュードカラー画像（pseudo color）という．

4.3.5 レーダを用いる海洋観測

レーダ（radar）とは，自ら放射した電磁波が対象物体から散乱して，レーダ方向に戻ってくる後方散乱波を測る装置である．レーダによる海洋観測では，太陽光の対象物体からの反射および対象物体からの電磁波の放射を測るリモートセンシングとは異なり，放射した電磁波と後方散乱して戻ってきた電磁波との関係を対象物の観測に活用することができる．レーダによる海洋観測には，波長数cmのマイクロ波から波長数百mまでの短波が用いられる．レーダが送信する電磁波と受信する電磁波の関係を表すのが，式（4.5）に示すレーダ方程式である．レーダの送信電力 P_t，受信電力 P_r，利用する電磁波の波長 λ，観測対象の状態 σ（散乱断面積），レーダから観測対象までの距離 R，アンテナの放射特性 G（アンテナ利得）の関係式である．

$$P_r = \frac{P_t G^2 \lambda^2 \sigma}{(4\pi)^3 R^4} \qquad (4.5)$$

レーダを用いる観測では，送信電力と受信電力との関係のほか，受信電磁波と送信した電磁波との間の周波数の変化を利用することができる．レーダ受信周波数の変化は，計測中にレーダと観測対象との距離が変化することによって生じ，ドップラー効果という．レーダ受信周波数の変化からは観測対象の移動速度の情報を得ることができるため，レーダを用いるリモートセンシングでは動きを伴う海洋現象である海表面流れ，海洋波浪などの情報を得ることができる．

　レーダを用いる海面観測においては，観測対象の表面形状の周期性と電磁波の散乱強度との関係を説明する，ブラッグ散乱（Bragg scattering）について理解しておくとよい．レーダが受信する電磁波は海面の広い範囲から後方散乱するため，送信時は位相がそろったものであっても，受信時はそれぞれ異なった位相をもつ．レーダの受信電力は海面から後方散乱する各電磁波の和であるため，受信する電磁波の位相がそろう場合の後方散乱強度は大きくなり，位相がそろわない場合の後方散乱強度は小さくなる．平面に近い海面から後方散乱する電磁波のエネルギーは0（ゼロ）に近い．後方散乱波の位相がそろう条件を，電磁波の波長と観測対象の表面形状の周期性との関係として説明しているのがブラッグ散乱である．海洋にはさまざまな波長をもつ波浪が存在し，海面から後方散乱する電磁波の強度は，ブラッグ散乱条件をみたす波浪のエネルギーに比例する．海面におけるブラッグ散乱条件は，海面に入射する電磁波の波長 λ，電磁波の入射角 ϕ，海洋波浪の波長 L の関係で表される（図4.38）．

$$\frac{2L\sin\phi}{\lambda} = n, \quad n = 1, 2, 3, \cdots \tag{4.6}$$

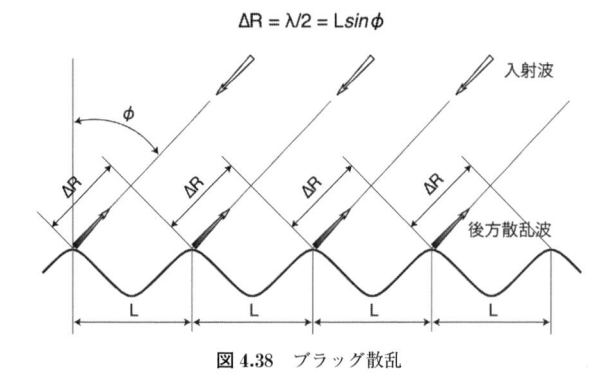

図 4.38　ブラッグ散乱

4.3 海洋リモートセンシング

レーダのドップラー効果とブラッグ散乱条件を利用する海洋リモートセンシングとして，短波レーダによる海表面流れの観測がある．海洋の波浪は波長と周期の関係を表す分散関係式を満たす．そのため，ある波長の波は分散関係式をみたす1つの周期しかもたず，波の位相速度（伝搬速度）もいつも同じである．流れのある海面での波の伝搬速度は，流れのない海面における波の伝搬速度と流れの流速の和となる．短波レーダが計測する後方散乱波には，ブラッグ散乱条件を満たす海洋波浪の影響が強く現れ，ブラッグ散乱条件を満たす波の伝搬速度に相応する周波数変化が発生する．後方散乱波の周波数変化から求めた波の伝搬速度から流れのない海面におけるブラッグ散乱条件を満たす波の伝搬速度を引くと，レーダ照射方向の海表面流れの流速が求まる．図 4.39 は海上保安庁海洋情報部が千葉県野島埼灯台（千葉県白浜町）および八丈島神湊港付近の設置した，5 MHz 帯域の2台の海洋短波レーダの観測データから求めた，2011 年 10 月 11 日午前 9 時の野島埼-八丈島間約 200 km 海域の海表面流れの流速分布である．

海面に波が発生すると，海面水位の変動と共に海面付近の水粒子が運動する．図 4.40 に示す海面を x 方向に進行する規則波による海面水位は，振幅 A，波数 k，角周波数 ω を用いて式（4.7）で表すことができ，規則波中の海面付近の水

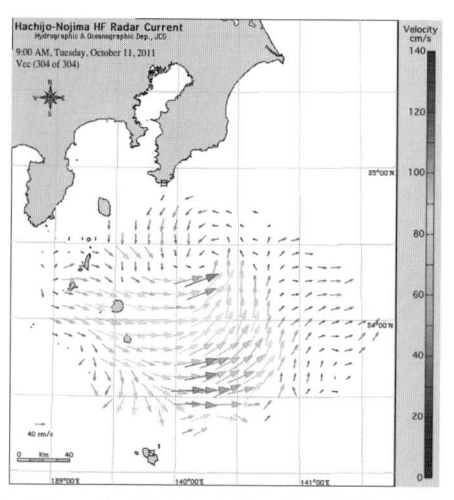

図 4.39 海上保安庁海洋短波レーダの野島埼-八丈島間の海表面流れ（2011 年 10 月 11 日午前 9 時）（日本海洋データセンター提供）

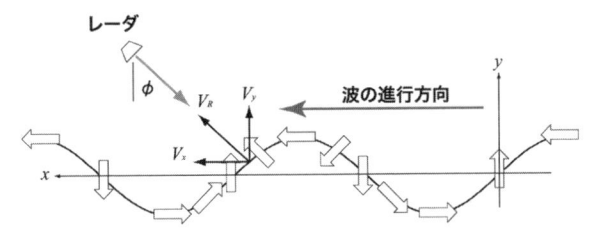

図 4.40 波浪による海面水位と水粒子運動

粒子は図の白抜き矢印のように同じ速さで波の位相に応じた方向へと運動する．水粒子の波の進行方向の運動速度 V_x と鉛直方向の運動速度 V_y，それからレーダ方向の運動速度 V_R は，それぞれ式（4.8），式（4.9）と式（4.10）で表される．

$$y = A\cos(kx - \omega t) \tag{4.7}$$

$$V_x = A\omega\cos(kx - \omega t) \tag{4.8}$$

$$V_y = A\omega\sin(kx - \omega t) \tag{4.9}$$

$$\begin{aligned}V_R &= V_x\sin\phi + V_y\cos\phi \\ &= A\omega\sin(kx - \omega t + \phi) \\ &= A\omega\cos(kx - \omega t + \phi - \pi/2)\end{aligned} \tag{4.10}$$

レーダが計測する海面から後方散乱する電磁波の周波数変化には，利用する電

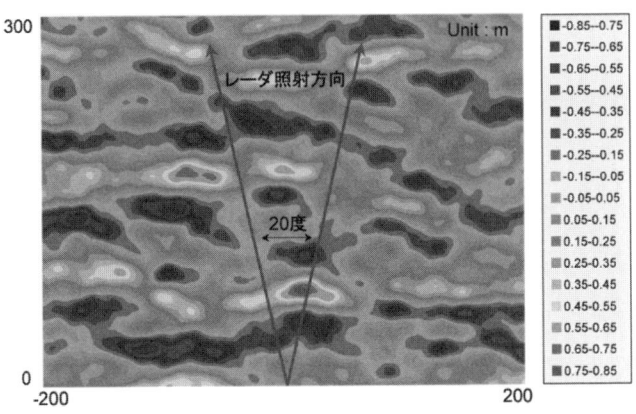

図 4.41 マイクロ波レーダの観測データから求められた相模湾平塚沖の海面形状（2010 年 10 月 10 日午前 5 時）

磁波のブラッグ散乱波の伝搬速度成分，海表面流れによる速度成分，規則波による水粒子の運動に起因する速度成分が含まれる．海表面流れの流速とブラッグ散乱波の伝搬速度は規則波の全波長領域で一定と仮定し，後方散乱波の周波数変化に相応する速度成分から，一定速度成分を取り除くと規則波による水粒子の運動成分のみが残る．レーダが計測する規則波による水粒子の運動成分は式 (4.10) の V_R に相当し，式 (4.7) と式 (4.10) の関係を用いれば，海面から後方散乱する電磁波の周波数変化から海面の波浪情報を得ることができる．レーダによる海面波浪観測には波長数 cm のマイクロ波が用いられる．図 4.41 は相模湾平塚沖にて，照射方向固定式 X バンドマイクロ波レーダの観測データから求められた，2010 年 10 月 10 日午前 5 時の海面形状である． ［林　昌奎］

5 海洋情報と環境

5.1 氷海とその利用

5.1.1 氷海の特徴

a. 海氷の性質

「海洋産業」，「海洋環境の保全」などの言葉を聞いたときに，氷に覆われた海のことを想像する人は少ないだろう．しかし，世界の海洋の約1割は海氷に覆われる海である．そしておそらく，その1割という数字以上に海氷は人類にとって大きな存在である．

海氷（図5.1）は海水が凍ったものである．海水はおおむね$-1.8℃$が結氷点であり，水温がそれを下回ると凍りはじめる．通常，海水は温度の低い水ほど重

図5.1 オホーツク海の海氷

いため，海面で冷やされた水はより下層の暖かい水と入れ替わる．つまり，海氷が生まれるためには，このような鉛直対流が起こる層の全体を結氷点以下に冷やす必要がある．そのため，淡水の湖沼や河川に比べると海は凍りづらい．海面が冷やされ，海水温が結氷点以下になると，海中では氷の結晶ができはじめる．それは水面に集積し，徐々に氷盤が形作られていく．このとき，凍るのは淡水の部分であるため，海氷の生成は塩分の海洋中への排出を伴う．高塩分になった水は重く，深く海底へと沈んでいく．海氷の冷却が進むと海氷は底面から厚さを増していく．また，氷盤どうしが衝突して変形したり，相互に乗り上がったりすることによっても海氷は厚くなっていく．海氷の成長を考えるとき，この力学的に厚くなる過程は重要である．それにより，熱力学的にはそれほど海氷が厚くなりえないオホーツク海南部でも，10 m をこえる厚さの海氷が観測されることがある．

b. 海氷と人間活動

海氷が存在するのは主に極域の海であり，人間の生活圏から離れている場合が多い．そのため，われわれの生活にかかわりが薄いように感じるだろう．しかし，その存在は人間の活動に少なからぬ影響を及ぼしている．

多くの場合，海氷の存在は人間活動の障害として立ちはだかる．まず，海氷に覆われた海は一般の船では航行できない．これにより漁業活動のほか，人や物の輸送経路も制限される．例えば，もし，北極海に海氷がなくそこを航路として利用できれば，その恩恵の大きいことは想像に難くないであろう．また，海氷の存在によって海氷域での資源開発や建造物の構築にも多くの困難が生じる．

しかし，見方を変えると，海氷が障害になっていたために，氷海は開発が進められていない手つかずの状態で残されている．氷海は多くの可能性を秘めた海である．近年，北極海やオホーツク海では油田開発がはじまっており，現在知られていない資源も氷の海の下に多くあると予想される．

他方，海氷は観光資源としても注目されるようになってきた．北海道のオホーツク海沿岸域には海氷の見物を目的とした観光客が多く訪問し，海氷は地域にとっては観光産業の主役ともいえる存在である．

今後，私たちはより積極的に氷海とかかわっていくことになるだろう．安全に効率よく，さらには持続可能なやり方で氷海を利用するために，海氷そして氷海に対する知識を増やしていかなくてはならない．それは，海氷の現在の状態を把

握し将来を予測することであり，さらにそれらを踏まえて適切な開発のやり方を示していくことである．

c. 海氷と気候

人間との直接的な関係のみならず，海氷は地球の気候システムの中でも重要な役割を果たしている．それは海氷が以下のような性質をもつからである．一つは，海氷は白いという点である．黒い海が太陽からの短波放射をよく吸収するのに対し，海氷はその多くを反射する．そのため海氷の有無は海洋表面の熱収支に大きな影響を及ぼす．2つめは海氷は熱を通しにくいという点である．一般に海氷に覆われる海域は気温がマイナス数十℃にも達する極寒の場所であり，海洋から大気への顕著な熱輸送がある．しかし，海氷に覆われることによりその熱や水蒸気の輸送が遮断される．さらに，海氷はその生成時に凝固熱を放出し，また，塩分の濃い海水を生み出す．逆に融解時には熱を吸収し，淡水を供給することになる．そのため熱と塩の分配という観点からも海氷は重要な役割を果たしている．特に生成時に海洋に放出される重い高塩分水は，海底付近まで沈んだ後，変質しながら広い範囲に広がり，世界全体の海洋循環を駆動するほどの大きな役割を果たしている．

これらの特徴に加えて，海氷は大きく時間変動するという点も重要である．海氷は春季から夏季にかけて後退し，秋季から冬季に拡大するという季節変動のほか，日々あるいは年によっても大きく変化している．速いときには1日に数十kmから100 kmも移動し，海岸線を埋め尽くしていた海氷が1日で陸からは見えないところまで遠ざかることもある．このように，時間的にその分布が変化することにより，海氷が大気や海洋に及ぼす影響は時間によって変化する．これは日々の気象や気候変動にも密接に関係してくる．実際，海氷の多少は広く半球規模の大気循環に影響を及ぼすとされている．将来の地球の気候を予測するためにも，また日々の気象予報のためにも海氷の変動メカニズムを明らかにしていかなくてはならない．

d. 北極海の海氷

北極海は冬季には完全に海氷に覆われる．春季から夏季にかけて海氷域は急速に後退するが，9月の最小期にも融けずに残る海氷が多くある（図5.2）．夏季に

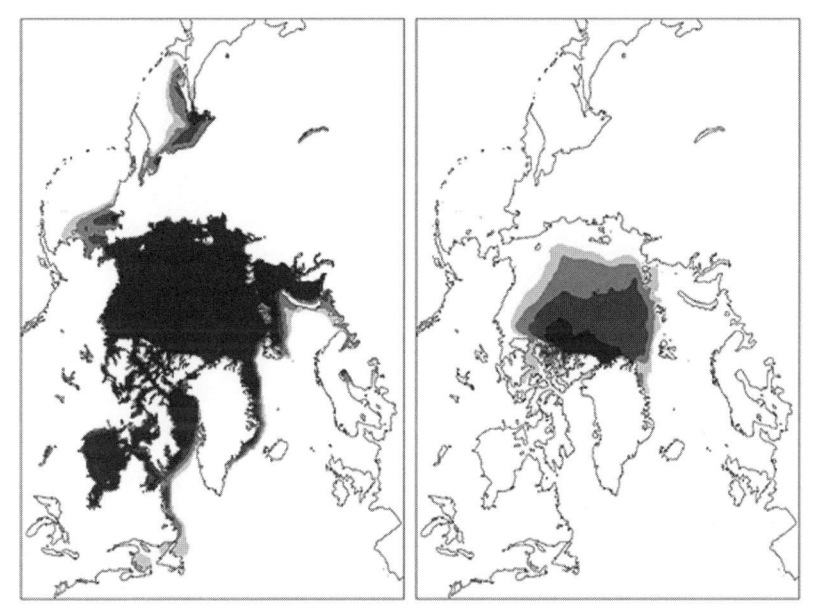

図 5.2 北半球の海氷分布（左が3月，右が9月の平均値）

も多くの海氷が融解せずに残る点が北極海の大きな特徴である．そのため，北極海には何年もかけて成長した厚い多年氷が多く存在する．最も海氷が厚いのはカナダ多島海に近い海域である．

近年，北極海の海氷は減少傾向にあり，特に夏季の海氷面積は目にみえて減ってきている．その原因は，大気場の変化によるもの，海洋場の変化によるものなどいろいろと指摘されているが，いくつかの要因が相互に関係した結果だと考えられている．重要なのは，多年氷が多い北極海の海氷は一度減ってしまうと，それを回復するのに時間がかかるという点である．

一方，この海氷減少により，北極海では資源開発が急速に進められようとしている．また，夏季の北極海を航路として利用することも現実味を帯びてきた．この航路が実現すれば，アジアからヨーロッパまたはアメリカ東海岸までの距離が大幅に短縮できる．それは，輸送時間や費用の節約のみならず，大気中への温室効果ガス排出量の削減にも寄与するものである．さらに，日本は北極海に最も近いアジアの国として，北極海航路を利用する船の中継基地としての役割を担うことも予想される．海氷の減少の原因を解明し急激な減少をできるかぎり抑止する

ことと同時に，海氷のなくなった海域をどう利用していくかを考えることも重要である．

e. 南極海の海氷

南極海の海氷域は2月から3月にかけて最小，9月に最大となる（図5.3）．最大時に2000万 km^2 に達する海氷域面積は，最小期には300万 km^2 にまで減少する．

夏に海氷がなく冬季のみに海氷に覆われる海域を季節海氷域とよぶ．つまり南極海はほとんどすべての海氷域が季節海氷域である．広い面積の海氷域が1年の間に生成・消滅するため，南極海の海氷域の変動は非常に劇的である．拡大時には海氷の沖向き移流のみならず，その沖の開放水面域でも海氷が生成する．

近年の北極海の海氷減少とは対照的に，南極海では目立った海氷域の減少はみられていない．その違いが何によって生じているのか詳しくはわかっていないが，近い将来，急激な変化が起こる可能性もあり，注意を払っていかねばならない．

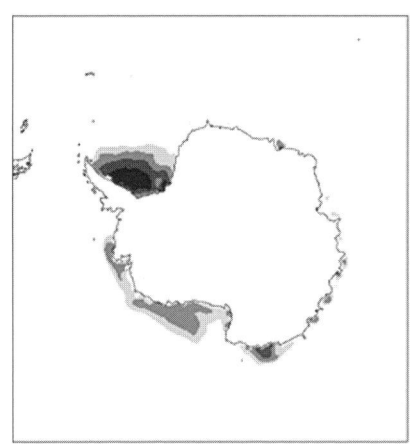

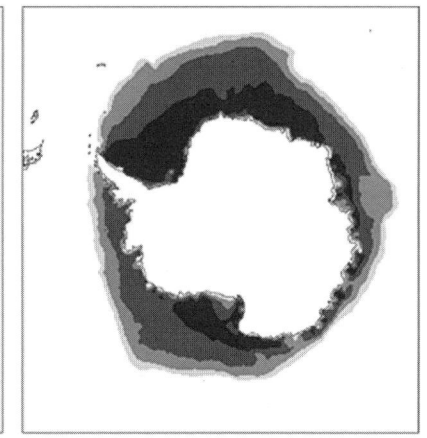

図5.3 南半球の海氷分布（左が3月，右が9月の平均値）

f. オホーツク海とその他の季節海氷域の海氷

北半球では北極海以外にベーリング海やラブラドル海，グリーンランド海など

も広く海氷に覆われる．その中で，われわれと最も関係が深いのはオホーツク海であろう．オホーツク海は海氷域の変化が最も急激な海域の一つであり，世界で最も低緯度に位置する季節海氷域である．日本による観測は戦前はオホーツク海のかなり広範囲にわたって行われていたが，戦後は日本近海に限定されている．そのため，オホーツク海はまだまだ未知の事柄が多い海である．

オホーツク海の海氷は11月に北西部海域でできはじめる．海氷域は南に向けて拡大しながら東にも広がっていく．1月末から2月はじめにかけて海氷域の南端は北海道付近に達する．オホーツク海全体の海氷面積は3月初旬に最大となる．その後，海氷域は急速に後退し5月末にはほとんど姿を消す．オホーツク海の海氷面積は年によって大きく異なる，多い年にはほぼ全域が海氷に覆われるのに対し，少ない年には陸地近くのみに海氷が存在するにとどまる．オホーツク海は東部ほど深く水温も高いため，カムチャツカ半島までびっしりと海氷に覆われることはまれである．

オホーツク海では，北西部のシベリア沿岸域や樺太東岸などで海氷が多く生成されている．これらの場所は，卓越する沖向き風により海氷が沖向きに移流してできた開水面域で，海氷が集中的に生成されており，こうした場所は「沿岸ポリニヤ」とよばれる．海氷は風や海流によって沖向きあるいは南向きに輸送され，海氷域を拡大させる．

ベーリング海やバレンツ海でも，オホーツク海同様，海氷域は沖向き風によって拡大し，その変化は風速によってある程度決定される．しかし，グリーンランド海やラブラドル海では海氷域の分布は海水温の分布によってほぼ決定される．

日本では網走や紋別といった都市の沿岸で海氷をみることができる．このような場所は世界中でも他に類がなく，日本は世界で最も海氷を身近に感じられる国であるともいえる．私たちは海氷に関する研究で世界をリードしていくべき立場にあるといってもいいだろう．

5.1.2 海氷の観測と研究

a. 現場での観測

海氷域は船舶の航行が困難なため，海氷の観測は容易ではない．古くからの海氷域の観測は，それに面する国の気象予報組織や軍などによって行われてきており，その多くは沿岸付近に限定されていた．極域の海氷の観測に最初に本格的に

挑んだのはナンセンのフラム号であろう．フラム号は1893年から北極海の海氷に閉じ込められた状態で3年間漂流し，それによって風と海氷の動きとの関係などを明らかにした．

現場での海氷観測にはさまざまな方法がある．最も基本的なのは目視による観測であり，海氷密接度（被覆率）や成長状態，積雪の有無や海氷の厚さ，そして氷盤の大きさなどを記録する．また，氷上では海氷を円柱状にくりぬくコアドリルによる海氷コアの採取，積雪深や海氷厚の測定などが行われる（図5.4）．採取した海氷は実験室に持ち帰り，結晶構造の観察や含有物質，酸素同位体比の測定などに用いられる．それにより海氷の成長履歴をある程度知ることができる．

近年ではより高度な観測機器も用いられるようになってきた．特に，これまでほとんどコアドリルによる観測に頼っていた海氷の厚さについて，新たな機器の導入により多くのデータの取得が可能になった．EMは電磁誘導によって海氷の厚さを測定する機器である．船舶への設置，航空機による吊り下げ，人力による運搬によって海氷上を移動させることにより，海氷の厚さを連続的に測定可能である．また，海底にice profiling sonarを設置し，海面に向けて出した音波の伝達時間により海氷の厚さを計測する観測も成果をあげてきている．

図5.4 海氷観測の様子．ゴンドラで海氷上に降り，計測やサンプルの採取を行っている．海氷が十分に厚い場合は，氷上に降りての観測も可能になる．

b. 人工衛星による観測

現場での観測が困難な海氷であるが，1960年代に人工衛星による地球観測がはじまると，広い範囲の海氷の分布を記録することが可能になった．特に1972年に観測を開始したElectrically Scanning Microwave Radiometer（ESMR）は地球から出るマイクロ波を観測するセンサーであり，気象や日射の条件に左右されずに全海氷域を観測可能になった．これによって，連続的な海氷域の観測が可能になり，海氷の分布とその変化に関する研究は一気に進展した．

その後も，Scanning Multichannel Microwave Radiometer（SMMR），Special Sensor Microwave/Imager（SSM/I）と米国のマイクロ波放射計による観測は継続して行われており，海氷域の変化を記録するうえで重要な役割を果たしている．これらの衛星による観測は，海氷密接度の情報を正確に得ることに主眼をおかれてきたが，最近10年くらいの間に海氷の種類や動きを抽出する技術の開発も進んできた．また，2002年からは米国のAqua衛星に搭載された日本のマイクロ波放射計（Advanced Microwave Scanning Radiometer-Earth Observing System; AMSR-E）による観測が始まった．翌2003年には日本の衛星ADEOS 2に搭載されたAMSR-Eとほぼ同スペックのAMSRも観測を開始したが，残念ながら衛星のトラブルにより同年中に観測不能になった．AMSR-Eは同じマイクロ波放射計SSM/Iに比べて2倍以上の解像度をもつことが大きな特徴であり，この解像度をいかしてより細かい海氷分布や，高精度の海氷漂流速度の検出を可能にした．このほか，日本の気象観測衛星ひまわりや米国のNOAA，Aquaなどの観測衛星による広範囲の可視・赤外域の観測や，照射したマイクロ波の散乱をとらえる合成開口レーダーによる観測も継続して行われており，海氷状態の把握に利用されている．

海氷の分布や動きが観測可能になった現在でも，海氷の厚さについては情報が限られている．海氷の厚さを人工衛星から観測することはきわめて困難であるが，2003年に打ち上げられたICESatなどの利用によって，その解明が進むことが期待されている．海氷の分布，動き，厚さがわかるようになれば，海氷の変動メカニズムの全体像が解明されるであろう．

c. 海氷の研究

海氷について，その構造や物理特性の研究が盛んに行われた時期もあったが，

現在の主な興味はその変動の把握と予測に移ってきている．特に地球温暖化が社会的な問題になってから，温暖化が何によるものか，そして将来はどうなるのかについて関心が高まってきた．それにこたえるため，地球の気候システムの構造を表現し，将来を予測するための数値モデルの構築が各所で進められている．海氷は気候システムの重要な構成要素の一つであり，それを数値モデルに組み込んでいく必要がある．しかし，現在のところ，海氷の変動をきちんと取り入れた数値モデルは皆無といってもいい状況である．

その最大の原因は，海氷の変動過程について未知な事柄が多いことにある．比較的多くの観測があり，その変動に対する知識が多く得られてきた大気や海洋に比べると，海氷に関する記録や知識はあまりにも少ない．それがいつどこで生まれ，どのように移動し，どういう過程によって厚さを増し，どうやって融解しているか，そういった基本的事項に対する知識すら十分でない．そのため，きちんとした海氷変動過程を数値モデルに組み込むことも，計算によって得られた結果が正しいかどうか判断することもできない．われわれは，新たな観測の推進や観測データの有効利用による海氷変動過程の把握，そしてその結果をもとにした海氷変動数値モデルの構築を全力で進めていかなくてはならない．海氷の予報技術の開発は，地球温暖化に伴う気候変化の将来予測のみならず，日々の気象予報の高精度化，さらには氷海での人間活動の促進にもつながる重要なテーマである．

5.1.3　氷海域の航行とそのための海氷予報

氷海域での航行は，特別に船体強度を増し砕氷性能を備えた砕氷船や耐氷船に限られている．しかし近年の夏の北極海の海氷減少により，北極海を通常の船舶でも航行できる可能性が広がってきた．北極海を通ると，アジアとヨーロッパや北アメリカ東海岸との距離が6～7割になり，燃料節減とともにCO_2排出削減にもなる．図5.5は，IPCCの第4次評価報告書の第2作業部会報告書に記載された図で，左が2002年の夏季北極海氷域，右が予測計算による2080～2100年の夏季北極海氷域である．右の図には，そのころには常用となっているであろう2つの航路が描かれている．カナダ側を通るのが北西航路，ロシア側を通るのが北東航路である．これらはヨーロッパの大航海時代につけられた名前で，ヨーロッパを中心に東西が定義されている．一方，ロシア側はソ連の時代からロシアによって開発が進められており，ロシア語の英訳である Northern Sea Route，日本語

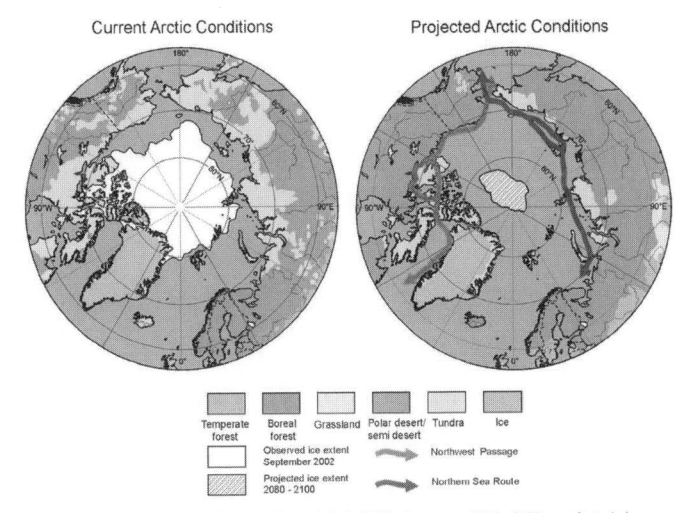

図5.5 北極航路（IPPC 第4次評価報告書 WG2 報告書第15章より）

ではその和訳として北極海航路とよぶことも多い．将来の北極海は，耐氷仕様の商船による長期利用と通常商船による短期利用が進むであろう．図5.6は，ロシアの砕氷船の先導により北極海航路を航行する鉄鉱石運搬船の姿である．

船舶にとって氷は避けなければならない障害物である．現在通常の船舶も，海上の天気予報を利用した航行が行われているが，氷海域では氷況の予測が重要になってくる．利用法を考えると，次の3種類の予報が重要であり，それぞれに異なる精度が要求される．

図5.6 砕氷船にエスコートされて北極海航路を航行する鉄鉱石運搬船（2010年9月）

1週間程度の短期予報

氷海域突入後の航路決定に必要である．数値モデルによる高精度計算から予測する．しかし，数値計算により得られるデータは氷の量（面積率と厚さ）のみであるので，船舶航行に必要な氷塊の大きさや局所的な分布を得る必要がある．それらを数値予報のみで得るのは難しく，氷海航行拡大に伴う実績データの蓄積とともに，精度が向上してゆくことになろう．

半年程度の中期予報

その年の夏にどの程度の期間北極海を航行できるのかという，年ごとの運航計画に必要である．これは，長期予報の高解像度化・高精度化とともに，冬の海氷の動きから夏の氷況を統計的に予測するという手法を活用して，達成できるであろう．

30年程度の長期予報

大型船を新たに建造するとなると数十億円～100億円程度必要であり，その船を20～30年間使用することになる．このような大きな投資の決断をするためには経済性評価が必要であり，そのためには，30年程度先までの氷況予報が必要になる．これは，現在100年レベルで行われている温暖化予測計算を高精度化することにより，実現できよう．

5.1.4 氷海域の利用促進と環境保全

地球温暖化の進行と人口増加・経済発展とともに，氷海域の利用は今後急速に進むことになる．環境破壊を伴わない持続可能な開発を実現するためには，氷海のことを正しく知り，それをもとに計画することが重要になってくる．科学と技術の連携により利用を進めるモデルケースとなるはずである．

［山口　一・木村詞明］

5.2　海洋情報管理—海洋科学から海洋情報産業へ

5.2.1　海洋国家日本

四方を海に囲まれた島国であるわが国は，地政学的には海洋国家と位置づけられる．他国の脅威から隔絶され，独自の文化を育んできたが，フェニキアやロー

マ，グレートブリテンといった歴史上の海洋国家とは異なり，海洋軍事力による覇権を確立したことはない．一方で，陸上資源が限られるため，海洋交易に頼らざるをえないという海洋国家像が浮かび上がる．縄文時代の南方からの渡来に始まり，遣唐使・遣隋使，倭寇，勘合貿易，遣欧使節，朱印船貿易など，主にアジアの国々との海洋交易は盛んであったが，17世紀から19世紀までは，江戸幕府の鎖国政策により，交易は制限される．しかし，鎖国中も世界の3分の1の産出量を誇った銅や金銀をふんだんに使い，交易の規模はけっして小さくはなかった．鎖国は，むしろ政府による強い貿易規制，情報統制と解釈すべきである．

地中海を制したフェニキア人は，海の遊牧民ともよばれ，網の目のように張り巡らされた地中海の商業路線を基盤に，ジブラルタル海峡からレバノン海岸までの権力を築きあげた（ヘルム，1999）．フェニキア人が海上での闘争のためにつくった専用船は，17世紀まで地中海で活躍するガレー船（奴隷船）の原型といわれている．こうして，フェニキア人は都市国家カルタゴをつくり，やがてローマ帝国に敗れるまで，地中海を制する（村田，2001）．

大航海時代に活躍するのは帆船である．15世紀ポルトガルを筆頭にスペインが大西洋，太平洋そしてインド洋へと進出し，胡椒など香辛料の交易の権限を求めて，覇権を争った．16世紀にはオランダやイギリスが続き，19世紀初頭トラファルガー海戦で勝利を収めたイギリスが7つの海を制する．その後，産業革命の勢いに乗り，イギリスが海洋国家として君臨するパックス・ブリタニカの時代が訪れ，第一次大戦まで覇権を握る．

この間，鎖国中の日本では，江戸幕府により外洋での航海が可能な大型船の造船は規制される．欧州の帆船と異なり，帆柱が1本に制限されたため，荒天時には転覆を防ぐために帆柱を切り落とさざるをえず，航行不能となり，内航船といえども黒潮（黒瀬川）に乗り太平洋を漂流する．そうした漂流者たちのうち，ジョン万次郎（アメリカ）や大黒屋光太夫（ロシア）などが，その後外交上重要な役割を果たすのは興味深い．幕末期には汽帆船咸臨丸が就航し，1860年にサンフランシスコからハワイをめぐる往路35日，復路47日の航海に成功する．明治維新後，日本海軍はロシアのバルチック艦隊を撃破するなど，躍進するが，海洋の覇権を握りパックス・ジャポニカを実現するには至らなかった．このように，日本国は，歴史上太平洋の制海権を握ることはなく，その意味ではイギリスやフェニキア，ローマのような海洋国家と同列ではない．

むしろ，日本国を特徴づけるのは，ユーラシア大陸のランドパワー（マッキンダー，2008）から隔絶された環境を利したことがあげられる．文明発祥期には，大陸中心の大草原（草洋）の"航海術"に長けたモンゴル騎馬民族の脅威の及ばぬ辺境の地に，グレートブリテン島を中心とする西欧文明と日本列島を中心とする日本文明が同時に平行発生した（梅棹，1998）．そのモンゴルの攻撃を日本国は2度うける．鎌倉時代に起きた元寇である（文永の役，弘安の役）．ともに，神風が吹き，一夜にして蒙古船が消失したとされるが，弘安の役に関してのみ，台風との遭遇の可能性が確認されている．このように日本はランドパワーの辺境（リムランド）（スパイクマン，2008）に位置する海洋国と考えられ，本来太平洋を縦横無尽に駆け巡り，ランドパワー（大陸国家）と覇権を争うシーパワー（海洋国家）（マハン，2008）ではなかった．太平洋はとてつもなく広いのである．

その広大な太平洋が，今や地中海のサイズに縮まってきており，これから30年の間にさらに小さくなるという．すなわち，船足だけからみると，太平洋はすでに16世紀の地中海より小さな内海なのである（福田康夫「新福田ドクトリン 太平洋を内海に」2008年5月）．では，誰の海かと福田は問う．そして，キーワードは「開放」であり，「多様なアジア・太平洋，多様な世界に自ら開いていくこと」が重要という．現代では，海洋の秩序は必ずしも強大な一国の軍事力による制海によって保たれるわけではなく，国際協調によるシーレーンの確保，経済的な共存，文化の共有による秩序が重要となる．では，何を開放すべきなのであろうか．

国連海洋法条約により，沿岸国の領海は沿岸線もしくは直線基線から12海里までと定められ，その先200海里まではさらに排他的経済水域（EEZ）と定められた．EEZ内では，水産資源，非生物資源に関する探査・開発・保存および管理について，他国の権利を認めず（主権的権利），また，科学的調査や環境保全に関しても他国の管轄権は認めていない．一方で，内海は一つの国の陸地に囲まれた海域を指す．すなわち，太平洋が真に内海となるためには，沿岸諸国が自らの権益を開放し，国家共同体として共存しなければならないのである．

しかし，すべてを開放する必要はない．江戸幕府による規制貿易（すなわち鎖国）では，長崎をポータルとすることで，欧州の医学や科学技術など必要と思われる情報の流入は認め，一方で宗教や思想の流入は制限した．海洋に関する情報は，海洋資源や空間の利用，安全保障，地域・地球環境問題などその利用のあり

方が多岐多様にわたるため，それぞれの目的に応じて制限されるべきである．例えば，水産資源においては時々刻々変化する水温や塩分場，流れの情報が重要となる．一方，海底資源においては，時間変動は重要でないが，海底地形に関する精緻な空間解像度をもつ情報が要求される．そして，海洋を中心として世界を領域に分ける際には，このように，地理的に固定しうる領域と，ダイナミックに変動する領域との双方を考えなければならないこと，領域間の距離感が物流を担う輸送手段の速度に依存すること，などを考慮に入れ，古典的な地政学的観点を発展させる必要がある．

海洋情報は，さまざまな媒体を介してデータ発信者から利用者に届く．情報はデジタル化され，複雑なインターネット空間に存在する．したがって，現代では，鎖国政策のような一元的な交通規制に基づく情報統制は不可能であり，仮想的に複数のポータルや関所を設けて流通を管理する必要がある．海洋国日本の存立と太平洋沿岸諸国の共存，海洋開発と環境保全の両立などのためには，海洋情報の占有と共有の線引きに資するデータポリシーの確立が必要である．

5.2.2 海洋学の成熟—海を知ることから海の天気予報へ

広大で深淵な海の謎を探求する海洋科学は，19世紀に始まり，観測を主体とした発見の科学から，要素還元的な20世紀の科学として発展する．どの海域にどのような流れが存在するのか，流れの強さはどの程度か，海水の密度は空間的に均一なのか，海水を構成する要素は何か，海洋生物の生態，水産資源量，非生物資源量，水深や海底地形など，海洋の実態の平均像の記述，すなわち，海を知ることから出発した．そして，得られた海洋の描像から，風によりできる表層の海洋循環のメカニズムと西岸における流れの強化，氷の形成により沈み込む重い海水から出発する数千年にわたる深層の循環のメカニズムなどが，解明された．

海洋の流れはフランスの数学者ナビエ（Navier）とアイルランドの数学者ストークス（Stokes）が19世紀前半に導出した，ナビエ・ストークス方程式により記述される．連続体の運動方程式に，流体特有の構成関係を導入する．連続体力学では質点の運動ではなく，空間に連続的に存在する（すなわち空間的に微分可能な）変形を伴う物体内部の各点の運動を記述する．流体特有の構成関係では，歪速度（流速の空間微分）と物体内部の各点に働く応力の比を粘性と定義する．一般的に，粘性は流体粒子間の運動量の交換率を熱力学的な平衡の成り立つ統計的

量として定める．しかし，海の流れは数百 km，数千 m のスケールをもっており，このような分子レベルの運動量交換は無視できる．そのかわり，さまざまな大きさの渦が存在し，大きな平均流れの運動量を運ぶ．このような乱流による運動量の輸送の統計的平均としての渦粘性（大きさは，分子粘性の 10^8 倍）を導入することで，海洋の流れを記述する偏微分方程式はナビエ・ストークス方程式と同じ形となる．また，地球の自転の影響を考慮し，回転座標系における慣性項（コリオリ項）が追加されるが，一般的に遠心力は重力に比べて小さいので無視される．

19 世紀ノルウェーの科学者ナンセン（Nansen）は北極海での冒険探査で観察した海氷の動きを分析していたが，スウェーデンの海洋物理学者であるエクマン（Ekman）は，コリオリ項と渦粘性を導入した水平応力の鉛直勾配項のみの釣り合いで流氷の動きを説明した．すなわち，風の方向に対して，海洋表層の流れは，北半球では 45° 右に傾き，水深とともにその流速は時計まわりに回転しながら指数関数的に減少するのである．エクマン吹送流とよばれるこの表層の流れは，北半球では風の向きに対して 90° 右向きに海水を輸送する．この表層数十 m のエクマン輸送により，偏西風と貿易風にはさまれた海盆の中心に表層の海水が収束する．風応力のトルクは海水の収束を通して海洋内部に伝わり，地球が球であることによる自転の影響の緯度依存の結果，南下する流れが生じ，太洋全体には時計まわりの循環が生じる．これが，ノルウェーのスベルドラップ（Sverdrup）により提唱された風成循環理論である．コリオリ力と圧力傾度力が釣り合う，地衡流的な循環は，密度勾配が急激に変わる躍層まで及ぶ，厚さ 500～1000 m の膨大な流れである．その流れは，太平洋の西岸では，非常に強い流れとなる．日本近海で北上する流れは黒潮とよばれる．

フロンティアといわれる海洋の観測は，危険を伴い，膨大な時間と費用がかかる．20 世紀半ばまでは，篤志観測船（Voluntary Observing Ship; VOS）すなわち，一般商船などからの報告や，限られた海洋調査に基づき，海洋の平均像を記述することしかできなかった．20 世紀後半になり，組織的な海洋調査が WOCE（World Ocean Circulation Experiment）などによる国際的な観測プログラムとして成功し，統一された基準での海洋観測が実現する．そして，1990 年代になると，人工衛星による監視が開始し，海面高度計（TOPEX/POSEIDON），散乱計（QuikSCAT），放射計（AVHRR）などの成功により，時々刻々変化する海流の

様子を面的にとらえることができるようになった．海洋の流れを推定するためには，表層の情報だけでなく，海洋内部の水温・塩分の測定が必要となるため，衛星観測を補うために全海域を 3000 のフロートで埋め尽くす ARGO 計画が 2000 年に始まった．現在は，TOPEX 後継機である衛星高度計 JASON と Argo が時々刻々変化する海面の高さの変化と海水の密度分布を計測し，海洋モデルとの融合により，全球の海流の 4 次元情報（空間と時間）を構築することができるようになった．こうして，21 世紀初頭，現業海洋学が幕を開ける．

現業海洋学で鍵を握るのは，このような海洋観測システムと，気象モデルと海洋モデル，そして，それらを融合するデータ同化技術である．1990 年代後半から，10 年間，GODAE (Global Ocean Data Assimilation Experiment, 5.2.6 項参照) により，世界各国で現業海流予測モデルが構築された．2010 年現在，わが国では，現業機関としては気象庁が，日本近海についておよそ 10 km 格子で海洋の流れの予測を行っている．黒潮に代表される強い流れの変動や，海の高気圧・低気圧である直径数百 km の渦の挙動など，海洋の天気の予測ができるようになった．20 世紀には，海洋学ではさまざまな発見と現象の理解，理論の構築，そして観測・数値計算手法の確立がなされた．21 世紀は，このような海洋学の成熟に伴い，海洋情報の積極的利活用という応用面が飛躍的に発展することが期待される．

5.2.3 海洋情報のセマンティックス

地表の 7 割を占める広大な海洋には，地球上の河川をすべて足したほどの流量の，強い海流が川のように海盆を廻っている．それらの海流は，15 世紀以降の大航海時代に多くが発見されている．大西洋では，貿易風を熟知していたコロンブスにより，北赤道海流が発見され，その後，メキシコ湾流，ラブラドル寒流などが発見された．赤道をはさみ，南北対称な亜熱帯循環が存在することが発見されたのは 17 世紀である．このころ，インド洋南半球には，強いアガルハス海流が見つかっている．また，モンスーン（季節風）に伴う流れの存在は，彗星で有名なハレーにより発見され，その後，20 世紀半ばの国際調査により，季節により反転するソマリー海流の存在が確かなものとなった．太平洋は 16 世紀初め，マゼランにより平和の海（El Mar Pacifico）と名づけられた．19 世紀までには，対馬暖流，親潮，黒潮，東サハリン海流，カリフォルニア海流などが発見されて

いる．黒潮は，毎秒4000万 m^3 の海水を太平洋熱帯域から日本南岸へ運ぶ．散乱物質が少なく，墨を流したように黒いという光学的特性から，黒瀬川とよばれた．漁民や船乗りにとっては，交通路でもあり，古事記には"海の道""海坂"などと記されている．"黒潮"という呼び名は，江戸時代の佐藤行信著『海島風土記 八丈島』の記載が最も古いとされる．こうした，海流の発見史は，宇田道隆著『海洋研究発達史』(宇田，1978) に詳しい．

このように，海洋の強い流れには名前があり，あたかも陸地を流れる川のように，それぞれの流路が地図上に記される[*1]．しかしながら，河川とは異なり流路を制約する河岸はなく，流速の最大値を結ぶ線を流路と解釈しているにすぎない．その流路は，時間とともに変化し，特に黒潮のような強流は，時期により流路が大きく変わる多重性をもつといわれている．一方で水塊という概念があり，海洋の水を主に水温と塩分で特徴づける．海水の密度は水温と塩分で定まるが，仮に同じ密度の海水であっても，水温と塩分が異なることがあり，その特徴から，ある水塊の起源を推定することができる．したがって，ある水塊がその生成場所からどのような道筋で，海洋を廻っているかということからも，海流の流路がわかる．しかしながら，仮に大洋の水温や塩分の分布，流速の分布をみても，すぐに海流の名前と結びつけることは難しいだろうし，その流量や変動特性などを推測することは難しい．したがって，海洋を記述する最も基礎的な物理量である，水温，塩分や海面高度は，残念ながら，多くの海洋利用者にとって，意味をもたないのである．

ここに，日本のEEZを包括する海域の流速に関する図を示す（図5.7）．一見似たような図であるが，左図と右図では意味がまったく異なる．左図は，ある期間の流速の最大値を示している．秒速1～2mの流れが，台湾の東から，琉球列島の西を通り，日本南岸から太平洋東に抜けていく様子がわかる．これが，毎秒数千万 m^3 に及ぶ，黒潮，そして，黒潮続流とよばれる世界有数の海流である．日本南岸では，黒潮流路が大きく離岸する，大蛇行流路もわかる．一方，右図は，まったく同じ情報（最大流速 m/s）をもとに，海流エネルギーポテンシャル（正確には海流による仕事率）を推定した例である．発電タービンのローター直径を30mと想定し，$E = 0.5\rho A U_{max}^3$ (kW) と推定した．黒潮流路上では，最大

[*1] 例えば Tomczak, Matthias and J. Stuart Godfrey: Regional Oceanography: an Introduction, http://www.es.flinders.edu.au/~mattom/regoc/pdfversion.html に詳しい．

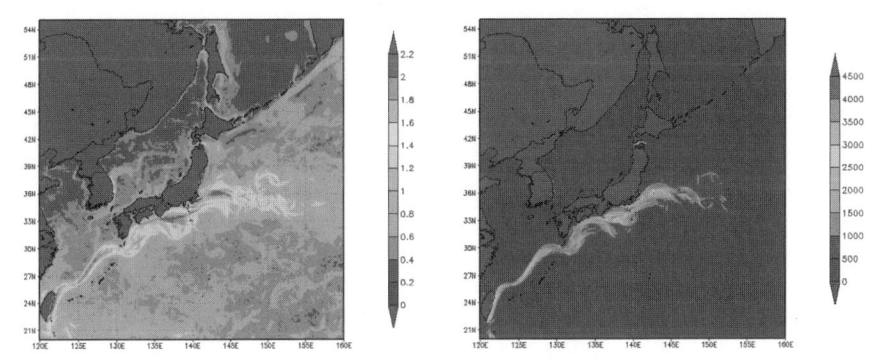

図 5.7 左は最大流速 U_{max} (m/s), 右は海流発電ポテンシャル $E = 0.5\rho A U_{max}^3$ (kW).

でおよそ 4 MW の発電ポテンシャルがあることがわかる[*2]．流速の 3 乗に海水密度と面積を乗ずることで，海洋情報の意味がまったく異なるのである．左図は海洋物理学者にとっては意味をもつ図であるが，右図は海洋再生可能エネルギーを利用するユーザーにとって意味をもつ図である．わずかな情報操作により，海洋情報のもつ意味が大きく変わるのである．しかしながら，そのわずかな操作が，末端のユーザーにとっては大きなハードルとなり，海洋情報の利用の促進を妨げる溝となる．流速を推定するために行った数値計算や観測データとのデータ同化（5.2.7項参照）と比べ，流速から発電ポテンシャルを推定するために行う操作の計算負荷は無視できる．したがって，このような操作は，データ配信の際にユーザーの要望にこたえる形で，自動的に行うべきである．そうすることで，海洋情報にさまざまな価値を付加することができる．

5.2.4 歴史にみる海洋情報の重要性

海洋学が成熟し，海流予測ができるようになったのは，20 世紀から 21 世紀の変わり目である．海上の風により表層の海水が動かされるため，海流予測には，数十年前から成功を収めていた数値気象予報が鍵となっている．一方，波浪予測は，数値気象予報と時期を同じくして開始されているが，予報は海流や天気に先駆け，第二次大戦中に成功を収めている．1944 年 6 月 6 日，連合国軍による海

[*2] 実際に回収できるエネルギーは，流体機械におけるエネルギー変換効率の限界（ベッツの法則）や，発電機（パワーテイクオフ）の効率により，少なくなる．

からの欧州本土上陸作戦の成功である．後にノルマンディー上陸作戦とよばれ，「史上最大の作戦[*3]」「プライベート・ライアン[*4]」など映画に取り上げられたことでも有名な，オーバーロード作戦である．イギリス本土からイギリス海峡[*5]を渡り，フランス・ノルマンディー海岸へと，4000隻近くの連合国軍舟艇が上陸に成功した．映画や小説では，戦闘の激しさや上陸作戦に先駆ける諜報合戦が強調されるが，上陸作戦実行日 D-day を決めるためには，波浪予測が鍵を握っていた[*6]．

海洋波が風によって生成され，成長することは，19世紀からわかっており，密度が異なる気液界面に生じる不安定現象（ケルヴィン・ヘルムホルツ（Kelvin-Helmholtz）不安定）が発生機構の一つの可能性として考えられていた．1924年には，Jeffreys (1924) により，風が波に遮蔽され剥離する効果を考慮した波浪の成長理論が提案された．大西洋東側に位置するヨーロッパ沿岸域は，一般的に強い波浪にさらされる．これは，偏西風により生成される海洋波が，大西洋西側から伝搬し，欧州沿岸に達するまでに成長するからである．太平洋西岸に位置する日本では，偏西風により成長する波は，陸地から遠ざかる方向に伝搬するため，低気圧や台風の通過に伴う南風に伴う波浪の発達以外では，太平洋側では波浪は小さくなる．冬の日本海が荒れると表現されるのは，冬季の季節風に伴い日本海で発達した波浪が日本海沿岸に到達するからである．このように，波浪の発達には，風向き，風の強さと波の伝搬が重要であり，その成長過程の理論を構築したのがスベルドラップとムンク（Munk）である．現代の海洋学・気象学の生みの親ともいえるスベルドラップは，ノルウェーから米国に渡り，第二次大戦中はカリフォルニア大学サンディエゴ校のスクリプス海洋研究所にて，大学院生ムンクの指導を行った．ムンクは，後に海洋音響や西岸境界流の研究で成果をあげるが，1944年，ノルマンディー上陸作戦の成功につながる，波浪の発達過程の理論を大学院生として考案した．

理論の基礎となるのは，第一に，海洋波の記述である．一般的に波は，波長と

[*3] 原題 "The Longest Day" 1962年公開．
[*4] 原題 "Saving Private Ryan" 1998年公開．
[*5] 誤って，ドーバー海峡と記載されることもあるが，正確にはドーバー海峡はイギリス海峡の最も狭い部分を指す．オーバーロード作戦では，ドーバー海峡もしくはフランス名カレー海峡からの上陸ではなく，イギリス南端からフランスへ真南にイギリス海峡を渡ったことが，上陸作戦成功の鍵となっている．
[*6] B. Kinsman "Wind Waves" (1965) にも，記載がある．

周期，波高で表現される．しかしながら，不規則に変化する海洋波では，時々刻々波長や周期，波高が変化するため，ある海況での波浪の状態を一つの周期や波高で表現することはできない．スベルドラップとムンクの理論の第一歩は，そのような不規則波を統計的な代表値で表現したことである．海洋波の波高はある分布をもつため[*7]，その，最大 1/3 の数の波高の平均値を有義波高（H_s もしくは $H_{1/3}$），有義波の平均周期を有義波周期（T_s もしくは $T_{1/3}$）と定義する．したがって，波の発達は，時間や距離によって，どのように有義波高と有義波周期が増大するかで表現することができる．スベルドラップとムンクの慧眼は，異なる風速下での波浪の成長過程を，無次元数を導入することによって，一つの式で表すことができることに気づいた点である．すなわち，重力加速度と風速により，有義波高・周期と独立変数である吹送時間と吹送距離をそれぞれ無次元化するのである．このようにして得られたフェッチ則によると，風波（局所的に感じる風によって成長している波）は，吹送距離が長くなるに従い，波高が高くなり，同時に周期も長くなる．例えば，大西洋中緯度では，偏西風により生成し発達する風浪は，フェッチ則に従うと，大西洋の東岸で最も波高が高く周期も長くなることがわかる．なので，ヨーロッパでは高波高，太平洋西岸に位置する日本より，波浪が卓越するのである．一方，冬季の日本海側での高波高も，同様に，中国大陸から吹きこむ季節風によって生成した波が，日本海側沿岸に到達するころには，発達しているから荒れるということが説明できる．

さて，ノルマンディー上陸作戦に話を戻す．1944 年，連合国軍気象係は，スベルドラップとムンクの理論に基づく波浪推算の結果，悪天候が続く中，6 月 6 日だけは上陸が可能であると判断する．一方，ドイツ軍気象係は，悪天候が続くため，上陸はありえないと判断する．この気象係の判断の差と，想定していたカレーではなく，イギリス本土からの距離があるノルマンディーへの上陸という 2 点が，ドイツ軍が上陸作戦を阻止できなかった要因といわれている（野田，1976）．

現在では，フェッチ則のみでの予測ではなく，波浪スペクトルの発達方程式を数値計算により直接解くことで，予報を行う．その基礎となる理論は，1950 年代から 60 年代にかけて導かれた．風による波の生成機構が Miles (1957) により提唱され，Phillips (1958) により，波浪スペクトルの相似性に関する理論が提

[*7] レイリー（Rayleigh）分布がよい近似であることが，Carwright & Longuet-Higgins (1956) により示され，有義波高が理論的には，平均波高の 1.6 倍であることが示される．

唱された．1960年には，自由表面波の弱い非線形性から，4波がある条件をみたすときに，相互にエネルギーを交換するという4波干渉理論がPhillips (1960)により提唱される．独立して，Hasselmann (1962) は波浪スペクトルを構成する波成分間における無限の組み合わせの相互干渉に関する理論を構築した．これらの理論が現在用いられている波浪推算モデルの基礎となる．この非線形相互作用を近似的に解く波浪モデルは第三世代波浪モデルとよばれている．そして，このような複雑な予測計算を行った結果，推定される有義波高や有義波周期は，基本的にはフェッチ則に従って発達する．このような波浪の予測精度は，数値気象予報の精度に依存し，72時間程度の予測を行うことが多い．

　気象・海象情報を知ることの重要性を示唆する逸話をもう一つ紹介しよう．同じく第二次大戦中，太平洋にて日本軍と戦っていたアメリカ第三艦隊に関する話である[*8]．ハルゼー司令官率いる第三艦隊は，1944年12月にはコブラ台風，1945年6月には別の台風に突入し，艦隊は多大な被害を受ける．日本軍にとっては，まさに神風であるが，なぜ台風に突入してしまうのか，ということを考えると興味深い．台風を回避するためには，台風がどこにあるのか，どこに向かって進行しているのか，という情報がなければならない．次にその情報を艦隊に伝達しなければならない．最後に，どの程度の被害が想定されるかを考えなければならない．いまでこそ，静止衛星画像から台風の位置を特定し，数値予報により台風進路を推定し，そして，地上または舶用ドップラーレーダーによって直接観測も可能となったが，その当時は，天気図も衛星画像もなく，解像度の低い陸上レーダーの画像が唯一の観測であった．限られた資料をもとに，当時の天気図や艦隊が遭遇したであろう波浪について，厚川正和は独自の考察を行い，詳細を『昭和の神風　ハルゼー艦隊が遭遇した台風について』に著している．台風の直撃を受けるということは，現代ではまずありえない事例であるが，観測，予測，情報配信，そして予想される波浪や風に対する船体の応答，船体強度といった課題は，共通である．

　厚川の考察で特に興味深いのは，遭遇したであろう波高20m程度の巨大波が，2波連続したという推測である．そして，船体と波浪との相対運動から，スラミング（船底が空中に露出後，強く海面に打ちつける現象）により，船首が破損

---

*8　C. Raymond Calhoun (1981), Typhoon, the Other Enemy : The Third Fleet and the Pacific Storm of December 1944 に詳しい．

した可能性を指摘している．この解釈は，大型貨物船尾道丸の事故にヒントを得ている可能性が高い．1980 年 12 月，太平洋航路を日本に向かっていた尾道丸は，巨大波に遭遇し，スラミングの結果，船首が折損するという大事故を起こした．幸い，すぐには沈没せず，船員全員が救助されたが，船首を失った大型船の映像は衝撃的である．その後，徹底的な構造解析が行われ，その結果，20 m をこえる波に遭遇しないかぎりは，折損するほどの衝撃力は起こりえないという結論に達する．しかし，そのような巨大波の生成機構は不明で，2 方向からのうねりの交差が原因と結論づけた．以降，三角波という言葉が海難事故時によく使われるようになる．近年になり，詳細な波浪場の解析が，数値計算によりできるようになり，実際はむしろ波の進行方向の分散が減り，波長もそろってくる，非常に狭い波浪スペクトルが形成されていたことがわかった (In $et\ al.$, ISOPE)．その当時は正確な海洋情報が不足していたのである．

　外洋に突発的に現れる波を，フリークウェーブもしくはローグウェーブとよぶ．気まぐれ，はぐれ者という意味で，統計的には出現頻度がまれであることを意味する．科学者が好んで使う呼び名である．一方，予期せぬ波という意味で，台湾では狂犬波 (mad-dog wave) ともよばれている．フリークウェーブは外洋に突然壁のように現れ，船を襲う．これまでに観測された最大の波高は 30 m 程度といわれ，20 m をこえるようなフリーク波は巨大波ともよばれている．フリークウェーブは科学的には，有義波高の 2 倍をこえるような波を指し，その出現確率は 3000 波に 1 波ともいわれており，古くは，コロンブスの航海時に遭遇の記録があるという報告もある．先述のハルゼー艦隊，尾道丸に限らず，現代でもフリーク波との遭遇による海難事故の報告は後を絶たない．日本では，そのような海難事故の際に，三角波という言葉がよく使われるが，フリーク波の形状がピラミッド状であるとは限らず，波の傾斜 (波高と波長の比) が大きいということを意味していると思われる．このようなフリーク波が起こりやすい海況は，前線の通過や強風域の移動など，特殊な気象場の変化が原因ということがわかってきた．そういった情報が正しく外洋を航海する船に伝達され，危険海域を回避できるようになる時代はもうすぐかもしれない (早稲田，2009；Waseda $et\ al.$, 2012)．

5.2.5　海洋観測の統合と持続

　地球温暖化による砂漠化や海面上昇，自然災害 (地震・津波・台風など)，植生

の変化，オゾン層の破壊，海洋汚染，漁獲量の変動などわれわれはいくつもの危機に直面している．国際協力により包括的で，調整され，継続的な地球観測（an integrated, comprehensive and sustained global Earth Observation System）を実現するために，2005年，第3回地球観測サミットにおいて，61か国が全球地球観測システム（GEOSS ; Global Earth Observation System of Systems）を構築することに合意した．全球地球観測システム GEOSS は，「災害」「健康」「エネルギー」「気候」「水」「気象」「生態系」「農業」「生物多様性」の9つの社会利益分野に対し，10年間の実施計画を定めた．

わが国は，これまでにも，ARGO 計画，赤道 TRITON ブイ，掘削船ちきゅう，衛星海洋観測など国際的な枠組みで，地球規模の海洋観測に大きな貢献をしてきた．例えば ARGO 計画では，水深 2000 m まで塩分・水温・深度を自動計測する漂流ブイを，2012年5月現在30か国が全球で 3500 基以上展開しているが，そのうちの 269 基は日本が展開している（世界3位）．ブイの展開は，各省庁・大学が所有する観測船を利用し，およそ10年かけて行った．3500 のブイは10日に一度浮上し，衛星通信を介してデータを送信する．平均的には，毎日 300 をこえるブイからデータが送信されることになる．データは各国で受信されたのち，集約され統合される．図 5.8 に 2012 年5月2日現在でのブイの位置と，過去の情報を統合して推定した全球の海面水温の分布を示す．この ARGO と対になるのが，衛星海面高度計である．衛星海面高度計は 1980 年代の米国 GEOSAT に始まり，1990 年代に欧州 ERS-1, 2 と，米国・フランス TOPEX/POSEIDON で実用化される．TOPEX/POSEIDON はおよそ10日に一度全球を覆う衛星軌道を繰り返し，海面の高さの偏差を測定する．その情報から力学的に意味のある高度を推定するためには，海洋内部の密度構造がわからなければならず，それを補うのが ARGO ブイである．現在は，TOPEX の後継機である JASON が ARGO と対となって，時々刻々変化する海流を衛星からとらえている．この成功が，現業海洋学の幕開けにつながる．

ブイによる観測システムと衛星による観測システムが統合し，新たな価値を生み出すことができた．これは，GEOSS におけるシステムの統合，すなわちシステムのシステム化の一例といえる．この統合には，観測だけではなく数値シミュレーション技術も重要であることは，強調すべきことである．わが国も，このような観測・シミュレーション技術を基本に，革新的な海洋観測・予測技術，通信

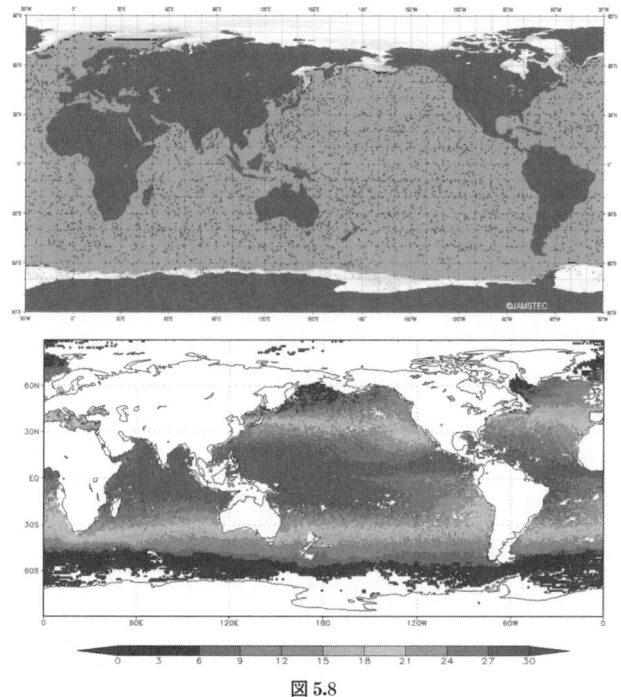

図 5.8
上：2012 年 5 月 2 日の ARGO ブイの位置．画面上で赤点は日本のブイ（JAMSTEC ウェブページ http://www.jamstec.go.jp/ARGO/argo_web/argo/index.html）．下：過去の ARGO ブイ観測値をもとに構築した表層水温分布（ハワイ大学 Asia-Pacific Data Research Center ウェブページ http://apdrc.soest.hawaii.edu/projects/Argo2/）

技術，データ配信・加工技術を開発し，防災・減災システムおよび EEZ 内統合的観測・監視ネットワークを GEOSS の枠組みの中で実現しなければならない．

5.2.6　海洋モデルと観測の融合

全球海洋データ同化実験 (Global Ocean Data Assimilation Experiment; GODAE) は，1998 年に海洋における全球業務予報システムの実証を目的とする国際プロジェクトとして開始した．1960 年代に始まった数値気象予報 (Numerical Weather Prediction) と GARP (Global Atmospheric Research Program) などの観測プログラムを参考に，GODAE では，以下をゴールとした．リモートそして現場での観測や力学的・物理学的な拘束条件と整合性があり，均一で包括的な

高解像度な海洋循環場を提供すること（国際GODAEステアリングチーム）．GODAEは9つの国と地域からの現業と研究機関により構成される（オーストラリア，日本，米国，イギリス，フランス，ノルウェー，欧州共同体，カナダ，中国）．

GODAEでは，実施期間を10年と定め，概念設計（1998～2000年），プロトタイプ開発（2000～2003年），実証と統合（2004～2008年）に取り組んだ．5回のワークショップとシンポジウムが開催され，2008年11月の最終シンポジウム (The Revolution in Global Ocean Forecasting : GODAE 10 years of achievement, 12-15 November 2008, Nice, France) を最後に終結した．GODAEの予測データは，地球温暖化，気候と季節予測，気象予報，水産業，水資源管理，海洋工学，海上警備と安全，海軍，沿岸利用，海洋および生態系の研究などに資する．

90年代初頭以来，衛星海面高度計による観測は一定の成功を収めていたが，海面の力学高度を推定するために必要な現場観測水温・塩分データが不足していた．1998年，GODAEとCLIVAR (Climate Variability and Predictability) の協力により，自航式のARGOフロートを緯度経度3°(300 km) ごとに3000機，全球で展開する，ARGO計画が開始した．また，高解像度の海面水温（SST）プロダクトもGODAEの活動のもとで，構築された（GHRSST-PP, NGSST）．このような観測プログラムと同時進行で，モデリングとデータ同化技術が整備され，データ同化センターが2000年代の初めに構築された．

データ同化センターの役割は，集約され品質管理された観測データと，最先端の全球予測モデルとを融合することである．ここで，海洋モデルとデータ同化（観測とモデルの融合）について簡単に述べる．海洋の表層数百mの流れは，前述したように，風により駆動される．したがって海洋モデルは，数値気象予報のプロダクトから算出した風応力，熱フラックス，淡水フラックス，そして放射により駆動される．近年では，計算機資源の飛躍的な向上により，OGCM (Ocean General Circulation Model) とよばれる海洋の循環をつかさどる基礎方程式をできるだけ忠実に再現した沿岸・海底地形を境界として解き，かつ，さまざまな物理プロセス（例えば鉛直混合）を同時に解くモデルが，盛んに使われるようになった．全球でも今では数kmの解像度で海洋の流れを解くことができるようになっている．このようなOGCMによる推定は，しかしながら，海洋自体の非線形性，そして，初期値の不確かさから，誤差が大きいと考えられる．そこで，観測との融合により修正を施すのが，データ同化技術である．データ同化技術の基

本は，モデルと観測ともに誤差があると想定し，両者の重みづけ平均をとることである．ただ，何の制約もなく平均をとると，運動量や質量保存則をみたさない人工的な流れをつくることになる．そこで，もともとみたすべき力学・熱力学の法則をできるかぎり壊さない工夫がなされている．実際には，観測がモデルの自由度に比べ，圧倒的に少ないということが問題となる．できるだけ観測の情報を有効に使う工夫が施される．データ同化手法については，『データ同化―観測・実験とモデルを融合するイノベーション』(淡路ほか，2009) に詳しい．

5.2.7 さまざまな海洋情報の配信

GODAE のプロダクトは，品質管理をされたのちに，簡便で即時的なプロダクトサーバーからユーザーに提供される．プロダクトは相互比較され，検証されたのちに，ウェブ上のデータサーバーから提供されている (表 5.1)．ここに示したサイトからは，常に最新の風・流れ・波浪などの予測データ，過去のデータのアーカイブにアクセスできる．これにより，領域海洋モデルの境界条件をつくり，さらなるダウンスケールが可能となる．

一般的に海洋情報は，観測データと再解析とに分類できる．観測データは，現場での観測データ (*in-situ* data) とリモートセンシングデータ (衛星，音響など) とに分けられる．再解析とは，データ同化技術によりさまざまな観測データを空間的・時間的に均一な情報に拡張したものである．近年，再解析データの解像度が増えるにつれ，再解析を現実のように扱う傾向があるが，依然として誤差は残るので，観測データとの比較検証は必須である．

また，海洋情報の次元はさまざまである．多くの観測データが 1 点での時系列として取得される．すなわち 1 次元データである．衛星リモートセンシングでは，海洋を平面的に観測することができ，これは，空間 2 次元データである．時間も付加すると，3 次元データとなり，一般的な現場観測データから比べると飛躍的に情報量が増える．一方，モデルの出力は，空間 2 次元もしくは 3 次元に時

表 5.1　GODAE のデータサーバー

サーバー	URL
USGODAE	http://www.usgodae.org/
Coriolis	http://www.coriolis.eu.org/
APDRC	http://apdrc.soest.hawaii.edu/

間が加わるので，3次元・4次元データとなる．必然的に，モデル出力の情報量は膨大となり，観測との情報量の差がデータ同化の際に一つのハードルとなる．

観測データのもう一つの特徴は，観測時期，観測変数，観測頻度などがバラバラであることである．例えば，国際協力に基づき3500のフロートを同時展開するARGO計画でさえ，取得できるプロファイルの数も場所も時々刻々変化する．そして，それぞれの観測フロートごとに別々のファイルとして保存されている．このようなオリジナルデータはそのままでは，一般のユーザーには使えない．そこで，何らかの平滑化を施し，均一な格子状に補間されたデータを，派生したデータとして配布する．さらに，直接測定していない情報も構築される．例えば，先述したハワイ大学APDRCのサイトでは (http://apdrc.soest.hawaii.edu/projects/Argo2/) さまざまな派生データを提供している．ARGOは水温・塩分・深度を計測するが，それらから，ポテンシャル密度，混合層深度，流速といった，付加価値の高い情報も構築し提供しているのがAPDRCのARGOデータの特徴である．また，複数の衛星データ（海面高度計，海面散乱計）から，15 m深度のドローグの動きを最もよく説明できる流速場を推定したSCUD (Surface CUrrents from Diagnostic model, http://apdrc.soest.hawaii.edu/datadoc/scud.php) は，海面高度の傾斜圧と風の双方の影響を加味した，付加価値の高い海洋情報である．

ここに紹介したのは，インターネットで公開されている膨大な海洋情報のごく一部である．では，海洋情報はどのように探せばよいのであろう．まず，必要なのは，データの所在とそのデータが何であるかを示すためのデータ，すなわちメタデータである．このようなデータの所在とメタデータのカタログが必要である．これは，電話帳のようなもので，そこにある情報そのものは役に立たず，カタログが指し示す所在（URL）に，必要な情報はある．例えば，NASAが膨大な地球科学データを集約しているGlobal Change Master Directory (GCMD, http://gcmd.nasa.gov/)，その日本版である，クリアリングハウス，通称マリンページ（Marine Page, http://www.mich.go.jp/）から，求めている情報にたどりつくことができる．さらに，ユーザーのニーズに合わせてデータを選別したポータル（玄関）も存在する（例えばhttp://gcmd.nasa.gov/Data/portal_index.html）．

では，実際に海洋データはどのような形で集約され，管理されているのか．各国には，UNESCOの政府間海洋学委員会 (Intergovernmental Oceanographic

Commission; IOC) が規定した要求に従い，データセンターが設立され，遅延観測データを保管している．日本では，海上保安庁海洋情報部の日本海洋データセンター（JODC）が各種データ，統計値のアーカイブを提供している．遅延データとは，観測終了後に品質管理を行った観測データである．世界各国にも，米国 NODC (National Oceanographic Data Center, http://www.nodc.noaa.gov/)，オーストラリア AODC (Australian Ocean Data Centre, http://www.aodc.gov.au/)，イギリス BODC (British Oceanographic Data Center, http://www.bodc.ac.uk/) などがある．即時データは，わが国では，気象庁が管理を行っている．各国で分担し構築している世界海洋観測システム（GOOS）の地域プロジェクトとして，わが国は，北東アジア地域海洋観測システム（NEAR-GOOS）を運用している．

また，特定のプロジェクトに関連したデータセンターも多数ある．例えば，米国の National Data Buoy Center (NDBC, http://www.ndbc.noaa.gov/) は，波浪観測ブイ，津波観測計や，日本が展開する K-TRITON ブイを含む赤道域 TAO-TRITON ブイの管理を行っている．TAO-TRITON データは，米国ワシントン大学の Pacific Marine Environmental Laboratory (http://www.pmel.noaa.gov/tao/jsdisplay/) でも管理されている．また，多数の衛星データは，米国 NASA の Physical Oceanography. Distributed Active Archive Centre (PO.DAAC http://podaac.jpl.nasa.gov/) で管理されデータが配信されている．近年では，特定の物理量に特化したデータアーカイブもヨーロッパを中心に構築されており，よりユーザーに使いやすいデータ提供の場が設けられるようになった．（例えば波浪 GLOBWAVE, http://www.globwave.org/；海色 GLOBCOLOUR, http://www.globcolour.info/）．

さまざまな海洋物理・生物・化学データがさまざまな観測方法，品質管理を経て，バラバラにインターネット上に存在する，というのが，現実である．その中で，できるかぎり一元的にデータを管理するために，先述のメタデータのカタログ，データセンター，データポータルなどがつくられてきた．それらデータの集約と管理を行うためには，インフラストラクチャーとしてのファイルシステム，通信プロトコル，データサーバー，アプリケーションとのインターフェースの整備が必要である．海洋情報におけるこれら基盤技術の整備は，GODAE や GEOSS の一部として発展している．例えば，NASA を中心に開発が始まった DODS (Distributed Oceanographic Data System) は，現在 OPeNDAP (Opensource Project for a Network Data Access Protocol, http://opendap.org/）として，さまざまなアプリケーションで使われている．OPeNDAPの機能の基本は，データの翻訳と切り出し，配信で，すなわち，異なるファイルフォーマットのデータを翻訳し，大きなボリュームから必要な部分を切り出して，インターネットを介して配信するためのプロトコルである．よって，ユーザーは，世界中どこでもデスクトップデータのように，データにアクセスすることができる．

OPeNDAPに対応した複数のアプリケーションが存在するが，最も多くのユーザーが利用しているウェブプログラムにLive Access Serverがある．これは，米国PMELで開発されているウェブプログラムで，Ferretという解析プログラ

表5.2 Live Access Serverにより提供されているGODAE関連のデータサーバー

サーバー	URL
USGODAE	http://usgodae.org/las/getUI.do
APDRC	http://apdrc.soest.hawaii.edu/las/getUI.do
ECCO-JPL	http://ecco.jpl.nasa.gov/las/servlets/dataset
ESSC Godiva	http://behemoth.nerc-essc.ac.uk/ncWMS/godiva2.html

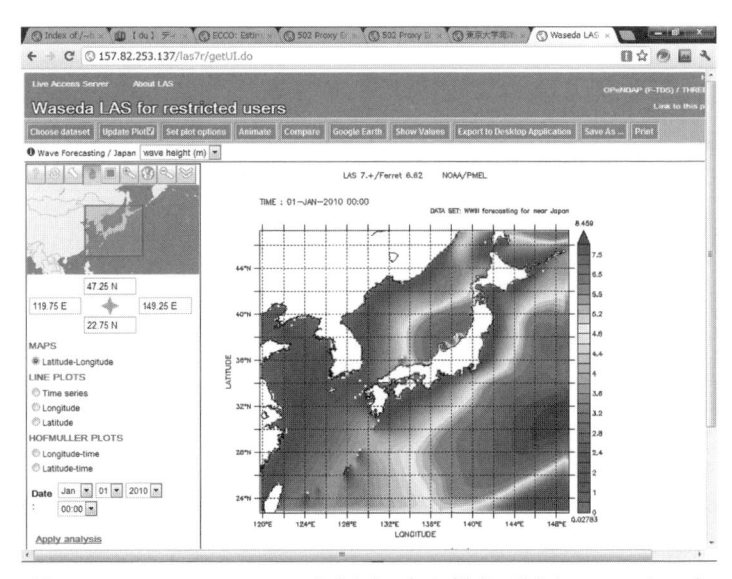

図5.9 Live Access Serverによる有義波高の表示（筆者の研究室のデータサーバ）

ムを解析と可視化のエンジンとして用い，通信プロトコルにはOPeNDAPのみならずGDS (GrADS DODS)，THREDDSなどを用いる．このような背景に隠れているプログラム群はユーザーにはみえず，機能としては，簡単な検索エンジンを備え，データの選別・切り出し・可視化や転送の指示を，GUIを用いて行える点で，初心者向けである．表5.2にはLive Access Server (http://ferret.pmel.noaa.gov/Ferret/LAS) により提供されているGODAE関連のデータサーバーの例を示す．

5.2.8 海洋情報の利用

海洋情報をつくり発信する一連の流れについて，前節まで概説したが，ただ単に得られた情報を発信 (push) するだけでは，広くユーザーに使われることはない．例えば，天気予報が本当の意味で，広く使われはじめたのは，洗濯物指数，星空指数，ビール指数といった，利用者の目的に則した付加価値情報として発信を始めるようになった，せいぜいこの十数年であろう．このような情報発信は，ユーザーが本当に知りたいことを積極的に求めるpullが重要である．21世紀は現業海洋学の時代であるが，現状では，まだまだユーザーからの声がデータ発信者に届いていないといえる．

ここで，具体的に特定のユーザーに対する海洋情報の発信例を示す．オリンピック競技の一つであるセーリング競技は，自然条件に結果が左右される点が，他の競技と異なる．レースを行う選手がいかに風や流れを利用するかが，鍵となるため，各国チームは，事前にレース会場の風や流れの情報を調査する．起こりやすい気象条件を想定し，レース海域のおよその風況を知ることができれば，選手は迷うことなくスタートを切ることができる．しかしながら，気象条件を1年前から予測することはできない．一方，月と地球，太陽と地球の位置で決まる潮汐は，何年も前から，レース時の潮位の変化を推定することができる．ただ，レースが行われる数kmという狭い海域での細かい潮流の情報は，一般的にはない．そこで，レース時とほぼ同じような潮回りのときに，事前にレース海域の流速を計測し，構築した海洋モデルの検証を行う．2008年北京オリンピックのレース会場は黄海に面する，青島沖で行われた．筆者らは，レース海域の数値シミュレーションを行い，現地での観測にて検証を行った（清松ほか，2008）．できるだけ忠実に沿岸地形と海底地形を再現し，験潮所の潮位変化をもとに，流れを駆動す

る．東西方向には25m間隔，南北方向には35m間隔で，数秒ごとに流速情報が計算される．ある瞬間の流れの向きと強さを，間引いてベクトル図で示した(図5.10)．このように，ある瞬間の流れ場だけでも，膨大な情報量である．これを，いかにレースに向かう選手に簡潔に示すか，ここに，情報発信の難しさがある．セーリングチームのコーチ陣，そして，選手との打ち合わせにより，必要な

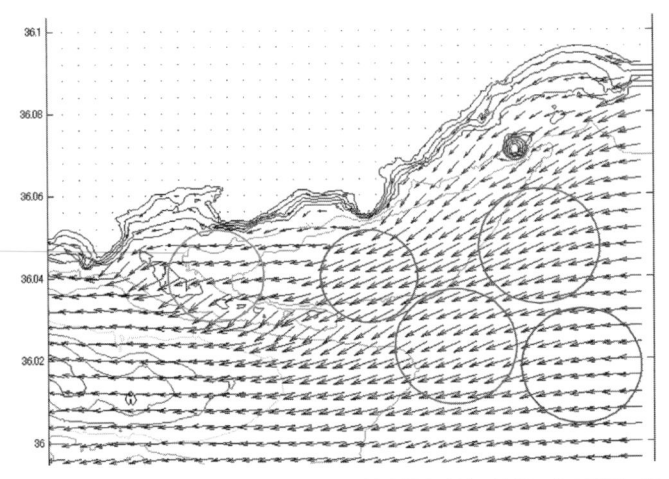

図5.10 北京オリンピック・セーリング競技会場青島沖の流況．ある瞬間の流速をベクトルで示している．円は，レース海域を示す．

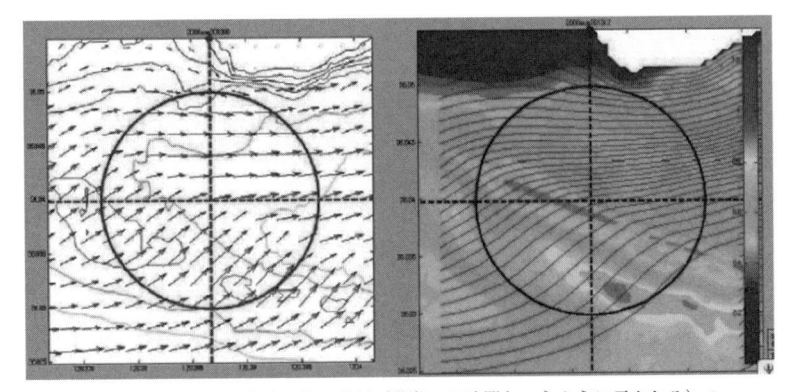

図5.11 あるレース海域，ある時刻（満潮+Y時間というように示される）の流速ベクトル図（左）と流線と流れの大きさ（右）
選手は4分割された海域の流れの様子を参考に，レースの方針を決める．

情報は各レース海域における，満潮時から1時間後，2時間後，3時間後，というように毎時の流れの様子として，ベクトル図と，流線と流速の等値線との2通りで示すことにした（斎藤ほか，2009）．チャート化された流速情報は，毎日の潮位情報（干満の時刻）とともに現地で選手に提示された．

このような活動を通し，筆者らは，シミュレーションから生まれる膨大な情報を，ユーザーが求める情報に加工することがいかに難しいかを実感した．難しいのは，ユーザーが求める情報量が少なければ少ないほど，情報の精度を上げる必要があるということである．例えば，いつ，潮流の向きが変わるのかを通知するためには，流れの変化の位相を数十分程度の精度で予測しなければならない．一般に海洋モデルを用いたシミュレーションは，初期値，境界条件などに不確定要素があるため，誤差がある．半日周潮であれば，6時間に一度は潮の向きが逆転するが，そのタイミングの予測が30分程度ずれることはけっしてまれではない．ユーザーが求める情報が簡単であればあるほど，このような推定誤差を最大限減らさなければならないのである．

5.2.9　海洋情報の一元化—産官学の協働

2007（平成19）年に成立・施行された海洋基本法には，6つの基本理念が定められており，海洋の開発と環境保全のためには海洋に関する科学的な知見の充実が不可欠であると定めている．基本的施策では，海洋の状況把握，海洋環境の変化の予測などのために，海洋調査を実施するとともに，得られた海洋情報の提供については，国や地方公共団体は情報の提供に努めるべきと定めている．海洋基本計画では，各機関の連携・協力による情報の適切な共有，諸情報の収集・整備・管理体制の構築を行うと定めている．しかしながら，現状は，データの保管・管理・公開が，各政府関係機関に分散し，いざ使おうと思うと，何がどこにあるのかわからないという，民間や国の機関からの声が高い[9]．また，海洋産業の創出や海洋環境の保全，海洋資源の計画的な開発・利用のためにも，「海洋に

---

[9]「海洋調査等により得られたさまざまな海洋に関する情報については，各機関の目的に応じ個別に管理・提供が行われている状況にあるが，産業界，学界等から利便性を高める要請が強い状況や，情報の管理方法等について必ずしも統一が図られていないという問題がある．このため，各機関に分散している海洋関係諸情報について，海洋産業の発展，基礎研究の促進，海洋調査の効率化等に資するとともに，使いやすくかつ効率的・合理的なものとなるよう，一元的な管理・提供を行う体制を整備する必要がある」（海洋基本計画より抜粋）

関連する諸情報についての一元的な収集・管理・提供，海域の監視・指導・取締り等に積極的に取り組む必要がある」と定めている．そして，「国際海洋データ・情報交換システム（IODE）に関するわが国の窓口となっている日本海洋データセンター（JODC）などによる既存の取り組みを最大限いかすとともに，大学，地方公共団体，民間企業などの協力も得つつ，効果的・効率的なものとなるよう努める」と定めている．これを受け，内閣官房総合海洋政策本部境界海域チームにて，各省庁がクリアリングハウスの構築を了承し，2010年3月には，通称マリンページ（Marine Page, http://www.mich.go.jp/）が開設された．しかしながら，クリアリングハウスからはデータの所在しかわからない．そこで，GIS（地理情報システム）を使って，情報の管理と統合を目指す海洋台帳を海上保安庁海洋情報部が構築している．今後は，多くのユーザーがマリンページや海洋台帳を利用し評価することで，さらなる利便性の向上を図るべきである．このように，これからは，民間の果たす役割が増えるであろう．

21世紀になり，海洋予測技術が確立し，現業海洋学が幕を開けた今，海洋情報一元化の機運は高い（月刊海洋特集, 2010）．わが国も，地球規模の変動や環境問題などにおける国際協力のもと，情報を共有することが求められる一方，安全保障上そしてEEZ内の権益を守るためには，情報を占有すべきこともある．真の海洋情報一元化の実現のためには，情報の公開・非公開の区分を明確にしなければならない．現在，インターネット上，多くの情報がすでに公開されている．それらを整理し，情報の共有と占有の線引きを行うべく，データポリシーを早急に確立しなければならない．積極的な情報の開示のためには，むしろ秘匿すべき情報が何かを定めることが出発点となる．開放と保護，その選択に対する明確な指針が必要である．

［早稲田卓爾］

6 海洋技術政策と環境

6.1 海洋技術政策

　今までの章でさまざまな海洋技術が解説された．これら海洋技術は長い時間をかけて発展し，徐々に人々の生活に役立っていくものが多い．したがって，長期の戦略に則って実施しなければならない．このような戦略を立てるのは政治家や官僚の役目であるが，第二次大戦後は海洋をどのように利用するのかという戦略を長期にわたって，あらゆる官庁が総合的に考えるという機運はなかった．しかし，2007（平成19）年7月に施行された海洋基本法では，海洋立国を目指して総合的な戦略を立てていくことが謳われている．残念ながら，ここで大きく取り上げられるような成功例はまだでてきていないが，長期戦略に基づく政策を立案しようという機運が盛り上がっているので，いずれはすばらしい成功例も現れてくるだろう．

　一方，技術政策という観点からは，未来に実用化される技術とその技術を使う未来社会の姿を予測し，その鍵となる技術を育てていくことが技術政策として重要である．すなわち技術政策立案には未来の技術の芽を見抜く力が必要である．これも大変困難なことである．特に，海洋技術のように実現までに長い時間がかかるものは技術政策だけで育てられるものではなく，その時々の社会情勢なども深くかかわる．

　この章では，海洋技術政策の例を紹介するのだが，これらは必ずしも成功した例ではなく，これから成果が問われるものである．しかし，ここに取り上げる例は，環境・エネルギー・食糧などわれわれが解決していかなければならない問題の解決を目指す海洋技術政策であり，戦略的に重要であることは間違いない．

6.2 海運グリーン化

現代のグローバル経済は国際物流が支えている．例えば，わが国の輸出入をトン・マイルベース（運ぶ重量と距離の積）でみると，海運が99%以上を占めている．もともと，船舶はあらゆる交通機関の中で最も少ないエネルギーで物を運べるのであるが，大量の物が国境をこえて行き交う今日のグローバル経済では，海運の使うエネルギー（重油）は膨大な値になる．そのエネルギーは内燃機関により，推進力へと変換されるが，そのときに排出されるCO_2の量も膨大である．

（独）海上技術安全研究所の調査（国際海事機関（IMO）第58回海洋環境保護委員会（MEPC 58）報告 http://www.nmri.go.jp/）によると，2007年に国際海運が排出したCO_2の年間排出量は8億4300万トンである．これは世界中で排出されるCO_2の約3%程度であり，ドイツ一国の年間排出量とほぼ等しい（2005年に8億1400万t）．国際海運は世界単一市場なので，もし，この市場に何らかの排出量規制をかけて排出量を減らせれば，先進国一国の排出量を削減するのに等しい効果があげられる．

6.2.1 国際海運の特徴

海運は世界単一市場なので，CO_2の排出制限をうまく市場に取り込めば，全世界で一挙に効果が上がる．しかし，一方でそのことは各国の責任が不明確になることを意味している．すなわち，今日のCO_2削減の枠組みは政府間の取り決めにより構築されているが，海運はこの枠外になるので，各国とも海運のCO_2削減に対して，責任ある行動をとろうとしないのである．そのうえ，海運には便宜置籍船という独特の仕組みがある．図6.1は船籍国（船を所有するだけの会社の国籍）別のシェアと実質船主国籍のシェアを示す．この図でわかるように，実質船主の国籍と船自体の国籍はまったく一致しない．これは，パナマやリベリアなどの小国が船舶に対する税金を軽減したり，法令を緩くしたりして外国船を誘致しているためである．このため，船籍の所属国にCO_2削減の責任を負わせると，これらの国々は自国産業と関係のない大変大きな削減義務を負わされてしまうことになる．そのうえ，船舶の運航においては，船主の国籍とオペレータの国籍，さらには船員の国籍などが大変複雑で，CO_2削減を国別に合理的に義務づけるの

(1) 船籍国別シェア (%)　　　(2) 実質船籍国別シェア (%)

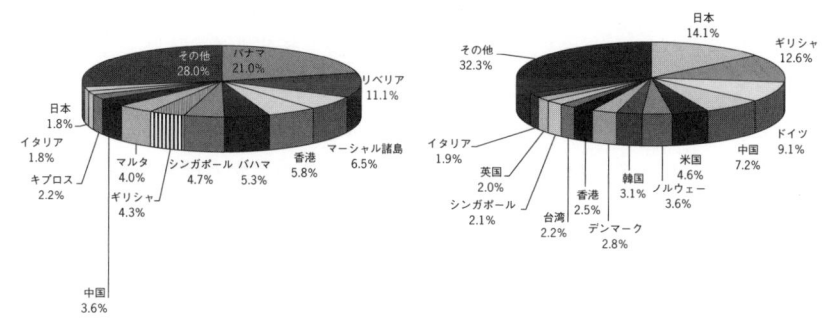

図 6.1 船籍国別および実質船主国籍別船腹量シェア比較（社）日本造船工業会造船関係資料 2009 より転載）
IHS（旧 Lloyd's Resister）資料から作成．対象は 100 総トン以上の船舶．右図のその他 32.3%には実質船主不明分も含む．

は不可能に近い．

　このような状況の国際海運は，京都議定書でも削減の対象外であったが，削減義務のある附属書 I 国の間で，国際海運の削減は国際海事機関（IMO）で検討を進めるのがよいということになった．一方，気候変動に関する国際連合枠組条約（UNFCCC）では，ポスト京都議定書（2013 年より）で国際海運にも削減を求める議論が出てきており，海運の状況に理解が深い IMO から何らかの提案を待っている状況になっている．

6.2.2　IMO での議論

　このような状況のもと開始された IMO における議論では以下のような意見が出されている．
① 地球規模の GHG 総排出量の削減に効果的に貢献すべきで，海運も例外ではない．
② 抜け道を防ぐため，拘束力を有しすべての旗国（船舶の在籍する国）に平等に適用すべきである．
③ 実用的で，透明性があり，抜け道がなく，管理が容易である．
④ 費用に見合う効果が得られる．

⑤ 市場歪曲を防止する．少なくとも効果的に最小化する（特定の航路や特定の船種が運航できなくなったりすると，市場は歪曲される）．
⑥ 世界の貿易と成長を阻害せず，持続可能な環境開発に基づく．
⑦ 目標達成型アプローチにより，具体的手法を規定しない．
⑧ 海運産業全体の技術革新・研究開発の促進・支援に役立つ．
⑨ エネルギー効率分野の主導的技術に対応している．

ここにあげられた意見は理想的で，これをすべて満足する規制をつくるべきであるが，特定の項目の重みづけを変えることにより，関係国の利益・不利益が変わってくる．そのため，各国間で議論の綱引きが行われている．

6.2.3 わが国の提案

このような国際条約の議論では，わが国は各国の様子見にでることがよくあるが，この CO_2 削減に関しては，国際海運分野における CO_2 排出量を削減することは重要国際海運特有の事情に適切に対応するため，IMO のリーダーシップのもと，早急に取り組むべきと，積極的な姿勢を示している．これは，長い間世界一の船舶建造量を誇っていたわが国の責務として，CO_2 削減に取り組まねばならないことと，建造量では韓国に抜かれ中国に急追されていても，省エネルギー技術に関してはわが国にアドバンテージがあるので，削減条約をビジネスチャンスに結びつけられる可能性があるからである．

その第一段階として，わが国は CO_2 排出設計指標という新しい概念を提案した．すなわち，新造船の設計段階で CO_2 排出原単位（1トンあたりの貨物を1マイル輸送する際に排出される CO_2 排出量）を算定できる指標の制定である．これは，自動車の世界では古くから行われており，自動車のカタログには必ず載っている値である．一方，船舶の世界では，船は一隻一隻がオーダーメードで，その性能は引き渡し時の試運転で保障するのが，商習慣として定着している．そのため，船の設計段階（実物のない段階）で燃費指標を算定するのは画期的である．この指標により次のような効果が期待できる．

① 従来は建造してから初めて燃費性能が確認されたが，設計段階で燃費がわかれば燃費性能の悪い船は売れなくなり，結果的に燃費性能の悪い船が淘汰される．
② 統一的な燃費指標が制定されれば，これを向上させるような技術開発競争

が行われ，CO_2 削減の技術開発が促進される．
③ 船ごとの燃費指標が決まるので，この値をもとに船ごとに CO_2 排出規制を強制化することができる．すなわち，実質的な船主が何らかの対応をしなければならなくなる．

6.2.4 IMO の燃費指標

燃費指標に関する IMO の議論では，すでにエネルギー効率運航指標（Energy Efficiency Operational Indicator；EEOI）

$$EEOI = \frac{実燃料消費量 \times CO_2 排出比}{載貨重量 \times 航海距離}$$

という指標が提案されている．これは，実際に運行で得られたデータにより，トン・マイルあたりの燃費を示す指標である．これは，運航方法が省エネになっているかどうかを評価するもので，例えば往路では荷物をいっぱい積んでいても復路は空荷で帰ったとすると悪い値になる．また，嵐につっこんで強い風や波の中を航行した場合もこの燃費指標は悪化する．この指標では，どれだけの燃料でどれだけの物をどれだけの距離運べたかが表されるので，大変わかりやすいが，船舶の性能を向上させる効果よりも，運航の無駄を省く効果の方が大きい．

一方，日本政府が提案した，エネルギー効率設計指標（Energy Efficiency Design Index；EEDI）は簡単に書くと次のように表される．

$$EEDI = \frac{エンジン出力 \times 燃料消費率 \times CO_2 排出比}{載貨重量 \times 速力 \times fw}$$

EEDI の方は設計段階（新造船の段階）で与えられるもので，自動車でいうと，カタログに記載された燃費に相当する．現段階では，両方の指標ともペナルティを伴う排出規制とは連動させずに，ボランティア的に適用してみようということになっているが，将来的には EEDI の値に規制をかける方向に議論が進んでいる．もし，EEDI の値で規制がかけられるようになれば，市場には燃費性能のよい船だけが供給されることになり，それがさらなる性能向上競争を生むことになる．

これが，日本政府の考える船舶の環境性能技術の向上と CO_2 排出削減を同時に進める戦略であるが，一般に船のライフサイクルは 20 年以上であり，現存船がすべて入れ替わるまでには相当な時間が必要である．それまでは，減速航行

(燃費は大まかにいうと，低速船の場合は速度の2乗，高速船の場合は3乗に比例する)など，運航の効率化により CO_2 排出を抑える政策をとらなければならない．こちらは，環境技術の面からは建設的な政策ではないが，CO_2 削減を早急に進めるためにはやむをえない．

ところで，EEDI で問題になるのは分母の速力にかけられた係数 fw である．船舶は穏やかな海ばかりを走るのではなく，風や波の中を航行している．時には嵐の中を航行することもある．このようなとき，風や波の抵抗により，同じエンジン出力だと航行速力は低下してしまう．この速度低下量を表すのが，fw 係数である．ところが，現在 IMO で議論されている EEDI では，この fw 係数を当面は1とすることになっている．すなわち，速力が波も風もない穏やかな海での速度を用いることになっており，このままでは，実際の運航状況が反映されない．

しかし，船舶の運航状況は航路，天候，荷の積み方など千差万別であるし，海運に関連する国々の間で技術レベルもまちまちであるため，IMO のような場で，すべての国が納得する fw 係数を決めるのは大変困難である．日本政府は，この問題を解決し，EEDI が実効あるものにするため，さまざまな技術情報を集め，各国が納得できる fw 係数の作成に奮闘している．

6.2.5 海の10モード指標

このような IMO の動きとは別に，わが国の海運界も CO_2 削減に非常に高い関心をもっている．わが国はすでに高度な省エネ技術をもっているので，今後改善していく必要のある部分として，実海域での燃費，すなわち，波や風があるときの燃費のよい船に関心が集まっている．このような状況に対して，考えられたのが「海の10モード指標」である．

自動車の10・15モード燃費を知っているだろうか．これは，自動車の実際の走行パターンをモデル化して排出ガスを計測するものである．船の場合は加速や減速はほとんどしないが，風や波に抗して走らなければならない．すなわち，自動車の坂道の走行に相当する．自動車の10・15モードと海の10モードの類似点と相違点を図6.2に簡単にまとめる．

「海の10モード指標」は，2007年度から2年間をかけ，東京大学，(独)海上技術安全研究所，(財)日本船舶技術研究所，(財)日本海事協会，(社)日本造

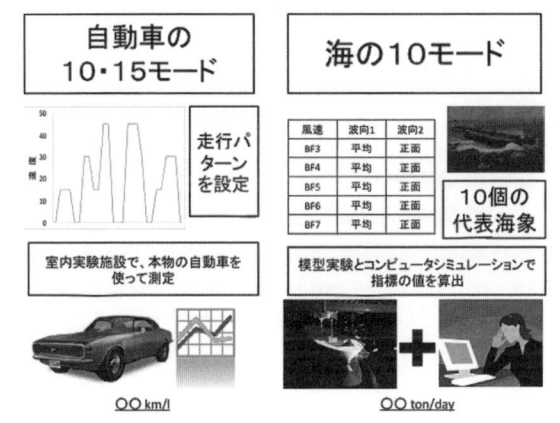

図 6.2 自動車の 10・15 モードと海の 10 モード

船工業会，そのほか多数の船社，造船会社が加わったプロジェクトにより，まず最も燃料費の高いコンテナ船に関する指標鑑定技術が完成した．これに続いて，他の船種についても指標鑑定技術の完成を目指して鋭意，研究開発を続けている．

日本政府は，この「海の 10 モード」を，わが国をはじめとして，韓国，中国などアジアの造船国にこれを広めることにより，国際的な日本発デファクト・スタンダードとしての地位を築こうとしている．このように，レベルの高い技術が世界に広まるのは国際的な環境性能技術を押し上げるのに役に立つし，CO_2 削減にも効果が上がるはずである．また，わが国の進んだ環境性能技術をいかしたビジネスチャンスも生まれてくるであろう．

6.2.6 新技術による CO_2 削減

前項まで，国際海運からの CO_2 排出量削減の動きと，技術開発を促進するためのわが国の戦略について述べてきた．しかし，もともと船舶は，エネルギー効率の面からきわめて優れた輸送機関である．図 6.3 に他の交通機関との比較を載せた．このように，船舶は他の交通機関に比べきわめて低燃費であるため，そこからさらに燃費を削減するのは，実はそう簡単な仕事でない．日本政府は，「新造船からの CO_2 排出量の 3 割削減」を目標に掲げ，平成 21 年度から 5 年計画で研究開発を推進しているが，ここで研究されている削減法はどれか一つで 3 割削

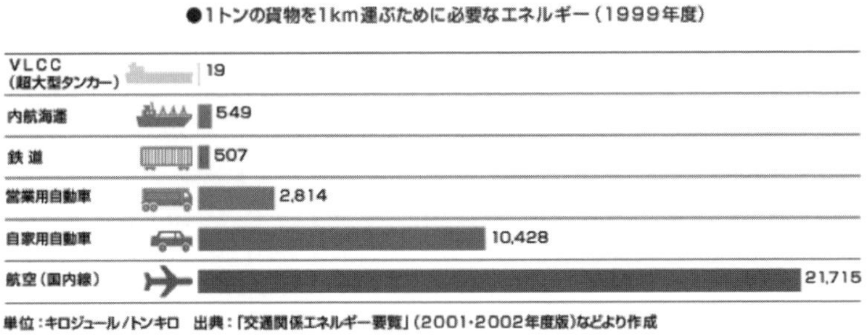

●1トンの貨物を1km運ぶために必要なエネルギー（1999年度）

```
VLCC
（超大型タンカー）           19
内航海運                    549
鉄道                        507
営業用自動車              2,814
自家用自動車             10,428
航空（国内線）            21,715
```

単位：キロジュール／トンキロ　出典：「交通関係エネルギー要覧」（2001・2002年度版）などより作成

図 6.3　1トンの貨物を1km運ぶために必要なエネルギー
　　　　　（(社)日本船主協会ホームページ http://www.jsanet.or.jp/data/index.html）

減を達成できるのではなく，すべての技術を足し合わせると3割になるにすぎない．2020年や2030年には，さらにいっそうのCO_2排出量削減が要求されるが，それにこたえられる技術の目途はたっていないのが現実である．

　これに向けて，東京大学をはじめとする各研究機関からさまざまなアイデアが出されているが，代表的なものをあげてみよう．まず，船自体の性能を向上させる前に，船舶を取り巻く他の機能も含めたシステムの改善策として次のようなことが考えられている．

① 大きな港湾をハブ港湾として2つのハブ港を結ぶ船には大型で低燃費の船を使う（船を大きくするだけで，燃費は大変よくなる）．そこから，まわりの港へは，従来船を使い，トータルで燃費が向上するように輸送形態を変える．

② 港での積み下ろしと，そこから陸上交通へのつなぎ目の効率を上げ，スピード化を図る．そこで浮いた時間を船舶の減速運転にまわす（船は減速するだけで，燃費が向上する）．

③ 温暖化で氷の解けた北極海を通って，アジアからヨーロッパへの短距離航路を開拓する．このために，船舶が通れる程度の薄い氷の状況を正確に予測できる観測システムを開発する．

船舶の性能自体を画期的に変える方法としては，次のようなことが考えられている．

① 船底から空気泡を吹き出し，船体表面の摩擦抵抗を減らす方法

② 昔の帆船と同じ原理だが，先進的な材料を使い近代的な構造をもつハード

セイル（飛行機の翼のように硬い帆）を使う方法．

このほかにもさまざまな方法が考えられているが，まだ決め手になるものはない．たぶん，いろいろな方法を組み合わせて使うことになる．知の集積が重要である．

6.3 水産業の安定化による離島・地域の振興

　水産物は，わが国の国民に対する動物性タンパク質の4割を供給する重要な食料源である．健康食品ブームなどの影響もあり，世界的な視点でも水産物に対する需要は今後ますます増大すると予想されている．また，世界的には漁業就業者数も増加しつつある成長産業である．世界的にはこのような状況であるが，わが国の状況はどうであろうか．残念ながら，わが国では漁業の就業人口の減少が問題になっている．また，2008（平成20）年に燃料油が高騰したときには海面漁業の経営が成り立たないような事態も起こった．

　わが国の水産業はこのように心もとない状況であるが，国民に対し安全で安心な水産物を持続的かつ合理的な価格で提供することはわが国水産業の責務である．そのため，このような状況を打破するための施策が各所で提言されている．東京大学と（独）水産総合研究センターは世界的なトレンドとなりつつある沖合大規模養殖を取り上げ，これらの大規模施設に海洋エネルギーを利用したエネルギー供給を行う新海洋食糧資源生産システムの開発を提案している（高木ほか，2009）．このシステムでは沖合の生簀の中で，完全な管理下におかれた安心・安全な水産物を持続的に提供できるうえ，エネルギーの輸送に問題のある海洋エネルギーを地産地消できるというメリットがある．将来的には外洋上プラットフォームを利用して，餌の補給や魚類の加工・保蔵を行う生産基地化，あるいは海藻養殖や生簀堆積物の肥料・エネルギー化なども考えられる．また，海洋深層水を利用した海水肥沃化による一次生産の増加との組み合わせも考えられる．（独）海上技術安全研究所で行われている外洋上プラットフォーム技術の研究（石田ほか，2008）でも，水産など食糧増産に外洋上プラットフォームを利用する技術が検討されている．

6.3.1 水産業の状況と課題

新しい海洋食糧資源生産システムの説明に先立ち，世界の水産業とわが国の水産業の動向を概観してみよう．

a. 世界の水産業の動向

まず始めに世界の水産業の動向について，生産，流通・消費の視点から概観してみよう．平成18年度水産白書（農林水産省ホームページ http://www.maff.go.jp/hakusyo/sui/h18/index.htm）によれば，1999～2001年では16.1 kgであった1人1年あたり食用魚介類消費量が2015年には19.1 kgに増えると予測されている．食用魚介類の世界総生産量も1億2900万トンから1億7200万トンに増加すると予測されているが，人口増と相まって世界総需要量も1億3300万トンから1億8300万トンに増加するため，不足量は4000万トンから1100万トンに増加すると考えられている．

一方，世界の水産業の生産形態は天然資源の悪化，低迷，変動により海面漁業生産量は頭打ちとなっていて養殖業生産量が増大しつつある．国際連合食糧農業機関（FAO）によれば，2006年に世界で消費された水産物の47％が養殖由来だといわれている．また，水産物需要の増大に対応して地域内での需給のアンバランスが生じるため，水産物の国際商品化，すなわち貿易の拡大が行われている．

このような水産物需給のグローバル化に伴い，水産物も世界経済の直接的影響を受けるようになってきた．例えば，BRICs（ブラジル，ロシア，インド，中国）をはじめとする発展途上国の経済発展に伴う水産物消費の拡大は，世界的な水産貿易の形を変化させている．例えば，これらの国々の猛烈な購買意欲に，従来は世界一の魚消費国であった日本が，買い負けたりするようになってきた．さらに，生きた状態での魚介類の輸出入や，養殖対象魚介類の世界的な流通により，新たな問題として，移入種の問題が生じている．本来その地域には生息しない移入種によって，その地域の魚介類が駆逐されてしまうなどという問題も起こっている．また，グローバルな移動による原産国の不透明化も生じている．現在は，原産国表示の厳密化が進められているが，自然の魚介類が生まれてからわれわれの口に入るまで，どのような海域で何を食べて大きくなったのかトレースするのは大変困難な仕事になっている．このような魚介類市場のグローバル化は，食の

安全・安心の観点から世界的にも大きな問題とされている．

このような食の安全の問題は養殖を増加させる理由の一つであるが，海面漁業の生産量減少の原因として，伝統的な食用魚の天然資源の悪化・低迷・変動があり，それに伴う漁獲規制の強化もあげられる．例えば，マグロ類，タラ類，カレイ類，タイセイヨウサケなどがあげられる．

このように，世界の漁業は養殖業増大へと向かっている．また，養殖の利点として水産物に対する消費者ニーズの変化もある．例えば，サイズ，品質，価格，供給の安定化，あるいは嗜好の変化などがあげられる．このような国際的トレンドに乗り遅れずわが国も養殖業生産を増大するべきである．しかし，養殖業では生産量の増大に伴い環境や生態系へ及ぼす影響，種苗の確保，コスト増大による経営圧迫，天然資源への影響や採捕規制，餌料の確保，安全・安心の確保など多くの課題がある．

b. わが国の漁業の状況と展望

近年，わが国では国内生産量が減少・停滞し，水産物自給率は60％前後に落ち込んでいる．一方，わが国は年間三百数十万トン，1兆6000億円前後の水産物を輸入している．このような，生産量の減少・停滞が産業競争力の低下を招き，そのことがいっそうの生産量の減少・停滞につながるという，負のスパイラルに陥っている．また，漁業就業年齢の高齢化も他の産業と同様に大きな問題である．

このような状況の打破のため，さまざまな研究開発が試みられている．例えば，漁業集落付近の海域における積極的な人工漁場造成や人工海山（マウンド礁）や保護礁など各種の人工漁礁の設置あるいは沖合域における積極的な中層（浮）漁礁の設置による人工漁場造成などである．また，海域に見合った人工種苗（人工的に生育された稚貝や稚魚）の放流による資源の積極的な培養なども試みられている．また，ITを活用したアイデアとして，魚群の蝟集状況や漁場環境の自動モニタリングとデータ通信などが研究されており，個別の人工漁場を時空間的に連結した漁場の効率的利用と安定生産を狙っている．図6.4に近未来のわが国の漁業イメージを示す．

これらの研究開発では，安全，近場，短時間を意味する"安近短"な漁業がキーワードとなっている．先に紹介した研究開発が実現すれば，あらかじめ漁場が

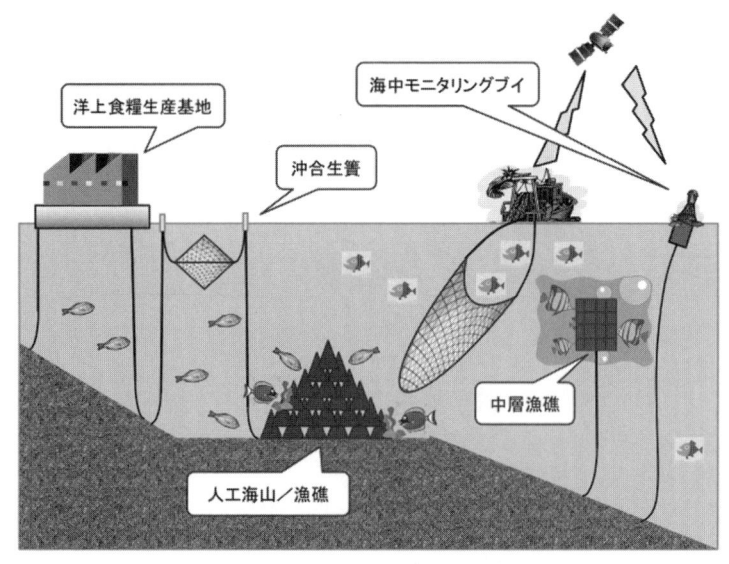

図6.4 近未来のわが国の漁業イメージ

わかっているため，操業時間が短くてすみ，安全で，漁獲物の鮮度管理にも有利，さらに漁業生産性の向上，省エネ・省コスト化にも貢献することになる．特に，漁場が近場になることと，あらかじめ魚群の存在場所が明らかになっていれば，漁場へ向かう漁船はゆっくりと走ることができる．これは，漁船のCO_2排出量削減に大変効果的である．また，このような漁業形態であれば，電池漁船の可能性も開けてくる．

c. ノルウェーの養殖業の例

　前述のように，わが国の海面漁業は大きな転換点にさしかかっており，衰退への負のスパイラルを断ち切らなければならない．そのため，さまざまな研究開発がなされているが，世界のトレンドにならうとすれば，養殖業をさらに奨励すべきである．わが国の場合は，内湾など養殖が比較的やりやすい場所はすでに，多くの養殖業が行われており，富栄養化などの問題が生じているところもある．そのため，国内養殖業をさらに発展させることは難しくなっている．

　もう一つの問題として，日本人の自然食信仰がある．世界的には，海面漁業で捕獲された魚介類は生育過程で食べたもののトレースは不可能なため，管理下に

6.3 水産業の安定化による離島・地域の振興　　　167

図 6.5　ノルウェーの養殖施設（(独) 水産総合研究センター，中山氏提供）

おかれた養殖の方が，食の安全の面からよいとされているが，わが国では養殖物は人工的イメージが付きまとうため，自然のもののほうがよいと思っている人が多い．

　わが国ではこのような問題があるが，世界的には大規模な養殖業の育成に成功した国もある．わが国もこのような国にならい，養殖業の振興に励むべきである．そこで，最も成功している例の一つであるノルウェーの養殖業をみてみよう．ノルウェーでは，国策として養殖業の展開が奨励されたことから，過去30年間で養殖業は一大産業に発展し，国内需要を賄うのみでなく，輸出産業としても著しい発展を遂げている．特に，タイセイヨウサケによる成功がその原動力と

なった．ノルウェーにおける養殖技術の特徴は，日常的に食用となる魚類に的をしぼり，さまざまな技術開発を行い，産業化を進めたことである．図 6.5 に一例として，ノルウェーの養殖施設の全景の写真を示す．中央の円形の建物が管理施設で，通路の両側に生簀が配置されている．養殖ではしばしば疾病が問題になるが，ノルウェーでは疾病防除のためワクチン開発も積極的に行われている．これは，食の安全に大変役立っている．また，養殖施設の自動化，省力化が進んでおり，自動給餌やフィッシュポンプによる取り上げが行われている．さらに，重量物の移動には専用のフォークリフトなどが用いられており，作業者はこれらの機械類のオペレータとして軽作業に従事するだけでよい．このような就業環境からも，養殖業は労働力を集めやすい環境となっている．

6.3.2 新海洋食糧資源生産システム

東京大学と（独）水産総合研究センターで提案している新海洋食糧資源生産システムの概略を図 6.6 に示す．このシステムは，生簀の設置が限界に達している内湾ではなく，少し沖合に浮体式の外洋上プラットフォームをおいて，生簀による魚介類の養殖を行う．その一部はプラットフォーム上に設置される加工工場で養殖用飼料に加工したり，そのまま消費地に送られるような加工品に加工したりされる．さらに，外洋上プラットフォームの近くで養殖される海藻や生簀から生じる堆積物などは，プラットフォーム上で肥料やバイオエネルギーなどにするこ

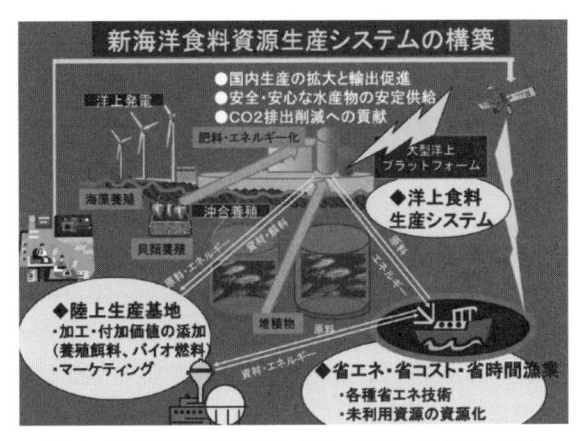

図 6.6 新海洋食糧資源生産システム（出典：高木ほか 2009）

ともできる．また，ここでつくられた飼料を使って，大規模な沖合養殖を行い，マグロなどの高付加価値商品を生産する．

このようなシステムを大規模に導入することにより，国内の養殖業の可能性を大きく広げることが可能と考えられる．特に，沖合養殖の技術は，諸外国で行われている大規模な養殖に対抗するためには，ぜひとも獲得すべき技術である．米国などではこのような技術がすでに開発されているので，わが国の海域の特性に適した技術を早急に開発する必要がある．

これが実現されれば，国内生産の拡大と輸出促進，安全・安心な水産物の安定供給，あるいはCO_2排出削減への貢献ができる．さらに，前述のようにCO_2削減効果としては，遠くの漁場へ高速で向かう必要のなくなる漁船からの排出量削減効果も期待できる．もちろん，外洋上プラットフォームを基点として，さまざまな海洋情報を積極的に利用することにより，省エネ・省コスト・省時間漁業の達成も可能となる．

このような新システムでは，多くのエネルギーを消費するが，これは，海上においても，陸上の自然エネルギーと同様な地産地消のクローズド・システムが構築できれば解決できる．このような観点から，新海洋食糧生産システムでは海洋エネルギーによるエネルギー供給が提案されている．ここでは，洋上風力発電が描かれているが，太陽光発電や海流・潮流発電との組み合わせでもかまわない．要は，エネルギーの変動がどの程度になり，それを貯蔵するシステムを併せた総コストが小さくなるものを選べばよい．また，その選択は設置海域によっても変わる．

6.3.3 離島・地域振興と水産業安定化

前項で提案した新海洋食糧生産システムは大規模なシステムであり，その実現にはかなりの開発要素も含まれている．そのため，その実現は少し先になると思われるが，将来的にはこのようなシステムが実現されるという予測のもとに，これからの5年程度でぜひ実現すべきと考える離島・地域振興と水産業安定化を提案する．

提案システムでは海流発電により電力を発電し，その発電電力を利用して沖合養殖施設の自動給餌施設や浮沈設備に電力供給を行う．また，余剰電力は漁港施設の照明・給水，冷凍・冷蔵庫，製氷など，あるいは漁村集落の照明・通信，水

産物加工などのための給水・動力源へ優先的に低コストで供給する．一方，海流流速の変化に伴う供給電力の変動は，短期のものについては二次電池に貯蔵した電力で対応し，長期にわたるものは既存の火力発電施設からの供給量を増加して対応することが考えられる．また，海流の流速と流向はコンピュータシミュレーションによって予測し，電力の変動を事前に知ることにより既存の発電システムとの協調を図る．この提案では仮に海流発電を用いているが，これは波力発電や洋上風力発電など海洋再生可能エネルギーを用いることもできる．また，陸上の太陽光発電や風力発電との組み合わせを考えてもよい．このシステムの概念図を図 6.7 に示す．

　陸上の風力発電施設を導入した茨木県波崎漁港の例では，漁港の総電力消費の86%を占める製氷施設の電力消費量を 47.7% 削減した (http://www.portland.ne.jp/~hasaki/umimaru/)．海洋再生可能エネルギーは海域によって得失があるため，組み合わせる自然エネルギーは各地で変更することが効果的であるが，海洋再生エネルギーを利用して，地産地消のクローズド電力システムを組みやすい離島や地域ではこのようなシステムの導入により，地場産業として大切な水産業の安定化を図ることができると考えられる．また，このようなシステムを全国展開することにより，CO_2 の削減に関しても大きな効果をあげることと推察される．

　このような取り組みを第一ステップとして，離島・地域に海流発電で電力供給し地域振興を図る．さらに，候補地は全国的に広がっているので，地元との協調

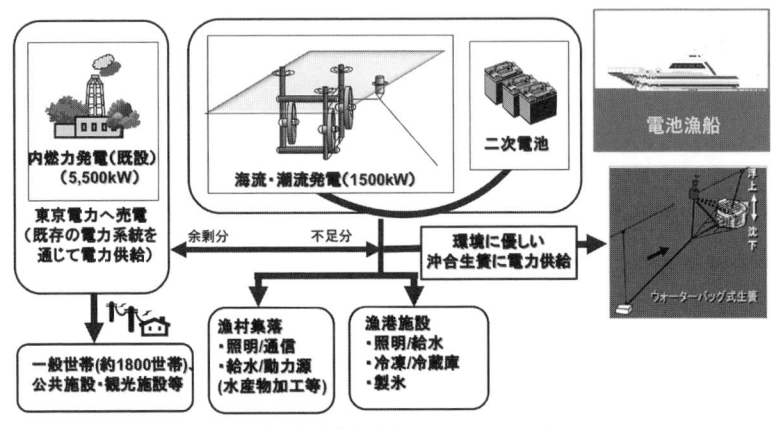

図 6.7　地域・離島の水産業安定化のためのクローズド・システム

を図りながら全国展開し，かつ，他の再生可能エネルギーシステムともグリッドを構成して変動を平滑化する．次のステップでは，前述の新海洋食糧生産システムを沿岸域から沖合に展開し，浮体式の洋上風力ファームなども展開させる．これにより，可能性は一挙に広がる．さらに，陸上と海上に展開した再生可能エネルギー発電施設間を大小のグリッドで関連づけ，電力変動を吸収する．このころにはNAS電池などによる大規模電力貯蔵も可能となっているであろう．

その先には，超電導による長距離輸送技術開発や大容量キャパシタや蓄電池，あるいは燃料電池などによる大規模電力輸送技術などもあり，わが国の排他的経済水域（EEZ）全域が海洋再生可能エネルギー生産の場となる可能性はおおいにある．エネルギー源が近くにあることで，外洋上プラットフォームに展開する新海洋食糧生産システムも国土からかなり離れた地域に展開することもできる．これらは，海洋資源開発やEEZの管轄などの沖合基地ともなるであろう．沖合基地のコンセプトは経団連が提言している（経済団体連合会，2000）．　［高木　健］

参 考 文 献

第 1 章

松沢孝俊（2005）：わが国の 200 海里水域の体積は？ *Ship & Ocean Newsletter*, No. 123, 海洋政策研究財団.

第 2 章

2.1-2.2

Houghton, J. T. *et al*. eds. (2001) : Climate Change 2001 : The Scientific Basis : Contribution of Working Group I to the Third Assessment Report of the Intergovernmental Panel on Climate Change, Cambridge University Press.

内閣官房総合海洋政策本部（2008）：平成 20 年度内閣官房総合海洋政策本部調査 海洋産業の活動状況に関する調査報告書.

内閣官房総合海洋政策本部（2010）：平成 21 年度内閣官房総合海洋政策本部調査 海洋産業の活動状況に関する調査報告書.

日本航空宇宙工業会（2011）：平成 23 年度宇宙産業データブック.

United Nations (2007) : Climate Change 2007 : The Physical Science Basis, Intergovernmental Panel on Climate Change.

2.3

IPCC (2005) : Carbon Dioxide Capture and Storage : Special Report of the Intergovernmental Panel on Climate Change, Cambridge University Press.

松本　良・奥田義久・青木　豊（1994）：メタンハイドレート―21 世紀の巨大天然ガス資源. 日経サイエンス社.

成田英夫（2001）：メタンハイドレートの基礎―物性・特性―, 海洋と生物, **23**(136) : 434-438.

佐藤幹夫ほか（1996）：天然ガスハイドレートのメタン量と資源量の推定, 地質学雑誌, **102**(11), 959-971.

第 3 章

Akimoto, K., *et al*. (2007) : Economic evaluation of the geological storage of CO_2 considering the scale of economy. *Int. J. Greenhouse Gas Control*, **1** : 271-279.

Caldeira, K. and Wickett, M. E. (2003) : Anthropogenic carbon and ocean PH. *Nature*, **425** : 365.

チェンバース, ニッキーほか（2005）：エコロジカル・フットプリントの活用地球 1 コ分の暮らしへ, 合同出版.

参 考 文 献

中央環境審議会地球環境部会気候変動に関する国際戦略専門委員会 (2005)：気候変動に関する今後の国際的な対応について（長期目標をめぐって），第2次中間報告．
Ecological Footprint Network (2006): Ecological Footprint and Biocapacity Technical Notes 2006 Edition.
古川恵太ほか (2005)：熊本港野鳥の池における干潟造成後の環境の短期的な遷移過程に関する研究．海洋開発論文集, 21：67-72.
林　礼美ほか (2005)：クロスインパクト分析による地球温暖化対策評価のための叙述的シナリオの構築．エネルギー・資源, 26(3)：63-69.
Hayashi, M, et al. (2004): Acid-base responses to lethal aquatic hypercapnia in three marine fish. *Marine Biol.*, **144**: 153-160.
平岡克英ほか (2005)：LCA 解析のための外航貨物船の運航状況分析と海上輸送の大気環境負荷物質の排出係数．海上技術安全研究所報告, 5(3)：25-90.
Hoffert, M., et al. (1979): Atmospheric response to deep-sea injections of fossil-fuel carbon dioxide. *Climatic Change*, **2**: 53-68.
Holling, C. S. (1978): Adaptive Environmental Assessment and Management, Wiley.
IPCC (2001): Climate Change 2001. IPCC.
Ishimatsu A, et al. (2004): Effects of CO_2 on marine fish: larvae and adults. *J. Oceanogr.*, **60**: 731-742.
石谷　久・石川真澄 (1992)：社会システム工学，朝倉書店．
伊坪徳宏ほか (2005)：ライフサイクル環境影響評価手法 LIME，産業環境管理協会．
Jeong, S.-M., et al. (2010): Numerical simulation on multi-scale diffusion of CO_2 injected in the deep Ocean in a practical scenario. *Int. J. Greenhouse Gas Control*, **4**: 64-72.
上城功紘・佐藤　徹 (2007)：CO_2 海洋隔離の社会受容性に関する研究：アンケート調査とコミュニケーションの試行．日本船舶海洋工学会論文集, 4：9-19.
勝川俊雄 (2005)：非定常・予測不可能な多魚種資源の管理理論．月刊海洋, 37：198-204.
Kikkawa, T., et al. (2004): Comparison of the lethal effect of CO_2 and acidification on red sea bream (*Pagrus major*) during the early developmental stage. *Marine Poll. Bull.*, **48**: 108-110.
Kita, J., Watanabe, Y. (2006): Numerical simulation on biological impact of leakage of sequestrated CO_2 under the seabed. Proc. 8 th Int. Conf. Greenhouse Gas Control Technol., CD-ROM.
北澤大輔 (2008)：養殖事業の包括的環境影響評価．日本船舶海洋工学会論文集, 8：45-52.
Kurihara, H., et al. (2004): Effects of increased atmospheric CO_2 on sea urchin early development. *Marine Ecol. Prog. Series*, **274**: 161-169.
Masuda, Y., et al. (2007): A numerica study with an eddy-resolving model to evaluate chronic impacts in CO_2 ocean sequestration. *Int. J. Greenhouse Gas Control*, 2: 89-94.
村井基彦・養安明理 (2008)：海上空港に関する包括的環境影響評価．日本船舶海洋工学会論文集, 8：27-34.
中西準子 (1995)：環境リスク論，岩波書店．
日本沿岸域学会 (2000)：2000年アピール―沿岸域の持続的な利用と環境保全のための提言．
大塚耕司 (2006)：海洋の大規模利用に対する包括的環境影響評価指標の一提案．Proc. Techno-Ocean 2006/19 th JASNAOE Ocean Eng. Symp., CD-ROM.

大塚耕司・大内一之 (2008): 海洋肥沃化装置の包括的環境影響指標. 日本船舶海洋工学会論文集, 8: 17-25.

Orr, J. C., et al. (2005): Anthropogenic ocean acidification over the twenty-first century and its impact on calcifying organisms. *Nature*, **437**: 681-686.

尾崎雅彦ほか (2006): CO_2 海上輸送・希釈放流システムの荒天稼働休止を考慮に入れた初期計画法に関する研究. 日本船舶海洋工学会論文集, **3**: 87-95.

Porter, M. E. and van der Linde, C. (1995): Towards a new conception of the environmental competitiveness relationships. *J. Economic Perspectives*, **9**: 97-118.

Rosenzweig, M. L. (1995): Species Diversity in Space and Time, Cambridge University Press.

Sato, T. (2004): Numerical simulation of biological impact caused by direct injection of carbon dioxide in the ocean. *J. Oceanogr.*, **60**: 807-816.

Sato, T., et al. (2005): Extended probit mortality model for zooplankton against transient change of pCO_2. *Mar. Pollut. Bull.*, **50**: 975-979.

佐藤 徹・大宮俊孝 (2008): 海洋表層酸性化に対する CO_2 海洋隔離の Triple I. 日本船舶海洋工学会論文集, **8**: 9-16.

澤田高侑・大塚耕司 (2008): 神戸空港人工海浜の包括的環境影響評価. 日本船舶海洋工学会論文集, **8**: 35-43.

下島公紀ほか (2005): 海洋における液体 CO_2 の挙動観測その 1－観測の概要. 日本海洋学会春季大会講演要旨集, 135.

Stern, N. H. (2007): Stern Review: The Economics of Climate Change, Cambridge University Press.

手島智博ほか (2006): CFD 流体力チャートに基づく曳航パイプの時間発展的 VIV 応答解析. マリンエンジニアリング学会会誌, **41**: 152-157.

Tsushima, S., et al. (2006): Evaluation of Advanced CO_2 Dilution Technology in Ocean sequestration. Proc. 8th Int. Conf. Greenhouse Gas Control Technol., CD-ROM.

ワケナゲル, マティス・リース, ウィリアム (2004): エコロジカル・フットプリント 地球環境持続のための実践プランニング・ツール, 合同出版.

Walters, C. J. (1986): Adaptive Management of Renewable Resources, Macmillan.

Watanabe, Y., et al. (2006): Lethality of increasing CO_2 levels on deep-sea copepods in the western North Pacific. *J. Oceanogr.*, **62**: 185-196.

横山隆壽ほか (1995): 化学吸収式 CO_2 回収技術の評価－モノエタノールアミンプロセスの運転特性及び LNG 焚力発電プラントへの適用に関するフィージビリティスタディー. 電力中央研究所研究報告, T 94057.

第 4 章

4.1

Fletcher, B., Young, C., Buescher, J., Whitcomb, L., Bowen, A., McCabe, R. and Yoerger, D. (2008): Proof of concept demonstration of the hybrid remotely operated vehicle (HROV) lightfiber tethersystem. Proc. of the 2008 IEEE/MTS Oceans Conf., Quebec.

Kohanowich, K. (2010): Federal Use of Submersibles for Science. Underwater Intervention 2010, New Orleans.

Kondo, H. et al. (2001): Development of an autonomous underwater vehicle "Tri-Dog" toward practical use in shallow water. *J. Roboticsand Mechatronics*, **13**(2): 205-211.

巻 俊弘ほか (2005):自律型海中ロボットによる人工構造物の観測.日本船舶海洋工学会論文集, **1**: 17-26.

巻 俊弘ほか (2009):自律型水中ロボットによる鹿児島湾たぎり噴気帯の3次元画像マッピング (第2報) ―複数回の全自動潜航による広域画像マッピング―.海洋調査技術, **21**(1): 13-25.

巻 俊弘ほか (2011):自律型水中ロボットによる鹿児島湾たぎり噴気帯の3次元画像マッピング (第3報) ―測位情報と視覚的特徴の併用による画像モザイキング手法―.海洋調査技術, **23**(1): 1-10, 2011.

Sangekar, M., Thornton, B., Nakatani, T. and Ura, T. (2010): Development of a landing algorithm for autonomous underwater vehiclesusing laser profiling. Proc. of the 2010 IEEE/MTS Oceans Conf., Sydney.

高川真一 (2010):水中ロボットによる海中調査技術.かんりん, **33**: 19-24.

浦 環・高川真一 (1997):海中ロボット, p.309, 成山堂書店.

4.2

浅田 昭 (2001):海底地形のマルチビーム音響探査技術と3次元音響画像アニメーション.超音波TECHNO, **13**(2): 53-59.

浅田 昭 (2003):音響レンズを使ったビデオカメラとAUV搭載型インターフェロメトリーソナー.超音波テクノ, **15**(1): 18-23.

浅田 昭・矢吹哲一朗 (2000):海底音響基準ネット.生産研究, **52**(7): 1-4.

浅田 昭・矢吹哲一朗 (2001):熊野トラフにおける長期地殻変動観測技術の高度化 地学雑誌, **10**(4): 976.

4.3

宇宙開発事業団 (2003):環境観測技術衛星「みどりII」(ADEOS-II) の海上風測装置 (Sea-Winds) の初画像公開について.

電子情報通信学会 (1986):人工衛星によるマイクロ波リモートセンシング, 電子情報通信学会.

日本リモートセンシング研究会 (1992):図解リモートセンシング.

Earth Observation Center, NASDA (1997): Advanced Erath Observation Satellite (ADEOS) OCTS Data Processing Algorithm Description.

林 昌奎 (2007):マイクロ波ドップラーレーダによる実験水槽波浪観測, 日本船舶海洋工学会, **6**: 65-73.

第5章

5.2

淡路敏之・蒲地政文・池田元美・石川洋一編著 (2009):データ同化―観測・実験とモデルを融合するイノベーション, 京都大学学術出版会.

Cartwright, D. E. and M. S. Longuet-Higgins (1956): The statistical distribution of the maxima of a random function. *Proc. R. Soc. Lond. A*, **237**, 1209 212-232; doi: 10.1098/

rspa. 1956. 0173.
月刊海洋号外 (2010)：, 海洋情報の一元化と利用に向けて.
Hasselmann, K. (1962) On the non-linear energy transfer in a gravity-wave spectrum Part 1. General theory. *J. Fluid Mech.*, **12**: 481-500 doi: 10. 1017/S 0022112062000373.
ヘルム, ゲルハルト/関楠生訳 (1999)：フェニキア人―古代海洋民族の謎 (新装新版), 河出書房新社.
In, K., T. Waseda, K. Kiyomatsu, H. Tamura, Y. Miyazawa, and K. Iyama (2009)：Analysis of a marine accident and freak wave prediction with an operational wave model, Proceedings, June, ISOPE-Osaka.
Jeffreys, H. (1924)：On the formation of water waves by wind. *Proceedings of the Royal Society of London. Series A*, **107**, No. 742 (Feb. 2,), pp. 189-206.
Kinsman, B. (1965)：Wind Waves: Their Generation and Propagation on the Ocean Surface. Dover Publications, 676 pp.
清松啓司・早稲田卓爾・鵜沢　潔・西田智哉・伊藤　翔・因　和久 (2008)：セーリング競技支援のための黄海潮汐シミュレーション. 流体力学会年会, 神戸.
マッキンダー, ハルフォード/曽村保信訳 (2008)：マッキンダーの地政学―デモクラシーの理想と現実, 原書房.
マハン, アルフレッド・セイヤー/北村謙一訳 (2008)：マハン海上権力史論 (新装版), 原書房.
Miles, J. W. (1957)：On the generation of surface waves by shear flows. *J. Fluid Mech.*, **3**：185-204 doi: 10.1017/S 0022112057000567.
村田良平 (2001)：海洋をめぐる世界と日本, 成山堂書店.
野田宣雄 (1976)：ヒトラーの時代 (上・下), 講談社学術文庫.
Phillips, O. M. (1958)：The equilibrium range in the spectrum of wind-generated waves. *J. Fluid Mech.*, **4**：426-434 doi: 10.1017/S 0022112058000550.
Phillips, O. M. (1960)：On the dynamics of unsteady gravity waves of finite amplitude Part 1. The elementary interactions. *J. Fluid Mech.*, **9**：193-217 doi: 10. 1017/S 0022112060001043.
Raymond, C. C. (1981)：Typhoon, The Other Enemy: The Third Fleet and the Pacific Storm of December, 1944. Naval Inst. Pr., 261 pp.
斎藤愛子・岡本治朗・早稲田卓爾・鵜沢　潔・清松啓司・伊藤　翔・西田智哉・因　和久・小宮根文子 (2009)：セーリングにおける情報収集―北京五輪の風と潮―. スポーツ工学, No. 4, 19-26.
スパイクマン, ニコラス/奥山慎司訳 (2008)：平和の地政学―アメリカ世界戦略の原点, 芙蓉書房出版.
宇田道隆 (1978)：海洋研究発達史 (海洋科学基礎講座 補巻), 東海大学出版会.
梅棹忠夫 (1967)：文明の生態史観, 中央公論社
Waseda, T., H. Tamura and T. Kinoshita (2012) Freakish sea index and sea states during ship accidents. *J. Mar. Sci. and Tech.*, doi: 10. 1007/s 00773-012-0171-4.
早稲田卓爾 (2009) 外洋に突発的に現れる異常波の発生と気象条件. 海と空, **85**(2), 49-56.

第6章

高木　健・鈴木英之・和田時夫・中山一郎（2009）：海洋エネルギーを利用した新海洋食料資源生産システムの開発に向けての提言．第38回海洋工学パネル，pp. 64-69.

石田茂資ほか（2008）：外洋上プラットフォームの利活用について．日本船舶海洋工学会講演会論文集，pp. 87-88.

経済団体連合会（2000）：21世紀の海洋のグランドデザイン―わが国200海里水域における海洋開発ネットワークの構築―，http://www.keidanren.or.jp/japanese/policy/2000/028.html.

索　引

あ　行

青潮　22
赤潮　22
油汚染対策技術開発　48

生きている地球レポート　59
インパクト確率　67

海の10モード指標　160

衛星海面高度計　144
栄養塩類　23
エクマン吹送流　136
エコロジカル・フットプリント
　　44, 59, 62
エネルギー　2
エネルギー効率運航指標
　　(EEOI)　159
エネルギー効率設計指標
　　(EEDI)　159
沿岸域環境再生技術開発　46
沿岸ポリニヤ　127
エンドポイントの定量化　68

オホーツク海　127
音響画像　100
音響ドップラー測度計（DVL）
　　97
音響ビデオカメラ　102
――カメラの撮影原理　103
音響レンズ　102
温度差発電　33
温度躍層　37, 51

か　行

海域地中貯留　55
海運　156
海運グリーン化　156
海運物流　14
かいこう　79
海産バイオマス　47
海上交通　2
海水酸性化　25
海底音響基準局　93
海底熱水鉱床　27
海底油田　18
海氷　122
海氷観測　115, 128
海表面流れ　119
海氷予報　130
海面水温　114
海面における電磁波の散乱
　　111
海面における電磁波の放射
　　114
海洋　1
海洋汚染　17, 21
海洋音響システム　92
海洋科学　135
海洋隔離　50, 51, 57, 62
海洋環境の創成　40
海洋観測　5
海洋技術環境学　1
海洋技術政策　155
海洋機能遺伝子　47
海洋基本法　39, 153, 156
海洋産業　6, 11
海洋産業ポテンシャルマップ
　　8
海洋産業ルネッサンス　12
海洋循環　124
外洋上プラットフォーム　163
海洋情報　135
海洋情報管理　132
海洋深層水　34
海洋調査船　74
海洋投棄　19
海洋土木　14
海洋波　141
海洋表層酸性化　50, 61
海洋フロンティア　39
海洋リモートセンシング　108
海流　138
海流発電　32
可視光域センサー　111
可視光線　108
可視光線・近赤外線を利用する
　　海洋リモートセンシング
　　115
ガスハイドレート　28
渦粘性　136
カラー合成　117
環境　2
環境影響評価技術　44
環境改変面積　69
環境保護　5
環境問題　17
環境リスク　44, 64
環境リスク論　59
観測データ　148

希釈技術　52
季節海氷域　126

索　引

輝度温度　113
狂犬波　143
鏡面反射　110
漁業被害　22

空間分解能　109
クリアリングハウス　148, 154
グリーン・グロース　45
黒潮　138
クロスインパクト法　67
──による生起確率の算出　67
クロロフィル a　115
クロロフィル a 濃度　116

ケルヴィン・ヘルムホルツ不安定　140

公海　3
航行型海中ロボット　82
鉱物資源　2
後方散乱　110
黒鉱型海底熱水鉱床　27
国際海事機関（IMO）　157
黒体　113
国連気候変動枠組条約締約国会議（COP-UNFCCC）　55
コスト　60
コバルト・リッチ・クラスト　27

さ　行

再解析　147
再生可能エネルギー　29
サイドスキャンソーナー　99
サツマハオリムシ　89
三角波　143
産業連関表　12
散乱　110
散乱パターン　110

磁気コンパス　97
実開口レーダ　112

ジャイロコンパス　97
社会的合意形成　41
受動型センサー　112
シュードカラー画像　117
順応的管理　42, 53
初年氷　114
自律型海中ロボット（AUV）　77, 79
しんかい 6500　78
深海底鉱物資源　27
深海微生物探索技術開発　48
新海洋食糧資源生産システム　33, 168
人工漁場　165
人工知能　81

水産業　14, 164
水産資源　2
数値気象予報（NWP）　145, 146
スラミング　142

生起確率　66
生態リスク　60
──の算出　64, 69
生物影響　51
生物濃縮　22
世界自然保護基金（WWF）　59
世界測位システム（GPS）　93
世界測地系　94
石油増進回収（EOR）　35
接続水域　3
絶対 Triple I　61
全球海洋データ同化実験（GODAE）　145
全球地球観測システム（GEOSS）　144
潜水プラットフォーム　77
船舶の有害な防汚方法の規制に関わる国際条約　20

造船　15
相対 Triple I　61

た　行

大陸棚　4
多年氷　115, 125
タンカー事故　17

遅延データ　149
地球温暖化　23
地球回転楕円体座標系　93
地球環境問題　11
地心直交座標系　93
中深層水　50
潮流発電　32

ツナサンド（Tuna-Sand）　89

底質判別　100
低ストレス海洋開発技術　45
ディファレンシャル GPS（DGPS）　95
テセウス（Theseus）　83
データアーカイブ　149
データセンター　149
電磁波　108
天然ガスハイドレート　28

統合指標 Inclusive Impact Index（III, Triple I）　60
トゥルーカラー画像　117
ドードー溶岩大平原　84
トライドッグ 1 号　87
トリエステ 1 号　78

な　行

ナビエ・ストークス方程式　135
南極海の海氷　126

日本測地系　93

180   索　引

熱水鉱床　45, 91
熱赤外線　113
ネレウス（Nereus）　79

能動型センサー　112
ノルウェーの養殖業　167

　　　　は　行

バイオエネルギー生産　33
排他的経済水域（EEZ）　3, 134
ハイパードルフィン　79
パイロットプラント　8
ハザードマップ　43, 64
バラスト水管理　20
バラスト水管理条約　20
波浪スペクトル　141
波浪発電　32

ピカソ　79
光ジャイロコンパス　97
人の健康リスク　60, 70
ヒューギン（Hugin）　82
氷海　122
表層水　50

風成循環理論　136
風波　141
風力発電　30
フェッチ則　141
フォールスカラー画像　117
浮体式洋上風車　31
ブラッグ散乱　118
プラットフォーム　7
プランクの放射法則　113
フリークウェーブ（ローグウェーブ）　143
ブルーフィン（BlueFin）　83
フロンティア海域　41

ベネフィット　60
ベヨネース海丘　85

便宜置籍船　156

方位計測　97
防汚塗料　20
放射率　113
ポーター仮説　45
ポータル　148
北極海航路　125, 131
北極海の海氷　124
ホバリング型海中ロボット　86

　　　　ま　行

マイクロ波　113
マイクロ波放射計　129
マイクロ波放射計センサー　114
マクロコスム　44
マリンページ　148, 154
マルチビーム音響測深機　100, 104
マルチビーム音響測深の原理　105
マルチビーム測深技術　104
メタンハイドレート　29, 46

モザイキング　86
モニタリング　43
モニタリング技術の高度化　48

　　　　や　行

有害物質　22
有機スズ化合物（TBT）　20
有義波高　141
有義波周期　141
有機物　22
有索遠隔操縦機（ROV）　78
湧昇流　34
有人潜水艇　77
洋上風力エネルギー　31
養殖業　164

4 波干渉理論　142

　　　　ら　行

リアルタイムキネマテキックGPS（RTKGPS）　95
リスク管理　57
リスクコミュニケーション　42
リモートセンシング　4, 108
領海　3

レアアース　27
レアメタル　27
レーダ　117
————による海洋観測　117
レーダ方程式　117
レーマス（Remus）　83
レメディエーション技術開発　46

ローグウェーブ（フリークウェーブ）　143
ロンドン条約　19, 55
ロンドン条約72年議定書　20
ロンドン条約96年議定書　20
ロンドン条約締約国会議　55

　　　　欧　文

AMSR-E（Advanced Microwave Scanning Radiometer-Earth Observing System）　129
ARGO 計画　137, 144, 146
AUV（Autonomous Underwater Vehicle）　77

BAU（Business as Usual）　49, 62
Blue Map　36

CCS（Carbon Dioxide Capture and Storage）　35, 54

索　引

CCS 実証実験　36
CO_2 海域地中貯留　46
CO_2 回収・貯留（CCS）　35
CO_2 海洋隔離　37, 46, 49, 61
── の環境影響評価技術開発　51
CO_2 削減　156
CO_2 排出削減　23
CO_2 排出設計指標　158
COP-UNFCCC　55

DGPS　95
DVL　97

EEZ　3
Energy Efficiency Design Index（EEDI）　159
Energy Efficiency Operational Indicator（EEOI）　159
Energy Technology Perspective（ETP 2008）　36
EOR（Enhanced Oil Recovery）　35
ESMR（Electrically Scanning Microwave Radiometer）　129

fw 係数　160

GARP（Global Atmospheric Reseach Program）　145
GEOSS（Global Earth Observation System of Systems）　145
GODAE（Global Ocean Data Assimilation Experiment）　145
── のデータサーバー　147
GPS　93

IMO　157

LBL 音響測位システム　106
Live Access Server　150

MARPOL 条約　17

NWP（Numeriical Weather Prediction）　145

OGCM（Ocean General Circulation Model）　146
OPeNDAP（Opensource Project for Network Data Access Protocol）　149
OSPAR 条約　57

r2D4　83
ROV（Remotely Operated Vehicle）　77
RTKGPS　95

SSBL 音響測位システム　106

TBT　20
Triple I　59, 62, 72

WWF（World Wide Fund for Nature）　59

シリーズ〈環境の世界〉4
海洋技術環境学の創る世界　　　　　　　定価はカバーに表示

2012 年 9 月 25 日　初版第 1 刷

編集者　東京大学大学院新領域創成
　　　　科学研究科環境学研究系

発行者　朝　倉　邦　造

発行所　株式会社　朝　倉　書　店
　　　　東京都新宿区新小川町 6-29
　　　　郵便番号　162-8707
　　　　電話　03(3260)0141
　　　　FAX　03(3260)0180
　　　　http://www.asakura.co.jp

〈検印省略〉

Ⓒ 2012〈無断複写・転載を禁ず〉　　　　中央印刷・渡辺製本

ISBN 978-4-254-18534-8　C 3340　　　Printed in Japan

JCOPY <(社)出版者著作権管理機構 委託出版物>

本書の無断複写は著作権法上での例外を除き禁じられています．複写される場合は，そのつど事前に，(社)出版者著作権管理機構(電話 03-3513-6969, FAX 03-3513-6979, e-mail: info@jcopy.or.jp)の許諾を得てください．